企鹅75

设 计 师 │ 作 者 │ 编 辑

[美] 保罗·巴克利 编著

[美] 克里斯·韦尔 序言

刘芸倩 译

上海人民出版社

企鹅图书

75周年

献礼

引言
保罗·巴克利
（Paul Buckley）

序言
克里斯·韦尔
（Chris Ware）

装帧设计
克里斯托弗·布兰德
（Christopher Brand）

目录

企鹅 75

撰稿人：

书名：作者 | 译者，学者，编辑，出版人 | 设计师，艺术总监，插画师，摄影师

企鹅出版人 [1]：

凯瑟琳·科特（Kathryn Court）
企鹅图书（美国）总裁兼出版人

斯蒂芬·莫里森（Stephen Morrison）
企鹅图书（美国）联合出版人兼总编辑

本书中的某些封面是企鹅出版集团旗下子品牌维京（Viking）和企鹅出版（Penguin Press）[2] 精装版 [3] 的封面。这些封面会标注"维京精装"或"企鹅出版精装"。

克莱尔·费拉罗（Clare Ferraro）
维京和普卢姆出版社（Plume）总裁

保罗·斯洛瓦克（Paul Slovak）
维京出版社出版人

安·戈多夫（Ann Godoff）
企鹅出版总裁兼出版人

有两位编辑署名时，第一位编辑负责组稿，第二位编辑负责跟作者和艺术总监联系，处理封面的具体工作。

---

1 本书出版于企鹅成立 75 周年之际，书中出现的人物与职位如今可能
　有所变动。——中译注，下同
2 由安·戈多夫于 2003 年创立，主要出版高品质的非虚构和文学作品。
3 有些书会有精装和平装两个版本，有时封面不同，该处强调的是精装
　版封面。

PB

保罗·巴克利（Paul Buckley） 在企鹅担任执行副总裁兼艺术总监，负责监督指导企鹅图书旗下八个子品牌的封面设计。如此大量且种类多样的图书设计工作让保罗·巴克利及其团队能够有机会和一些来自美国与其他国家最好的艺术家合作。这本书只是人们了解企鹅众多出版品牌以及那些才华横溢的设计师的一个小小的窗口。

RS

罗斯安妮·塞拉（Roseanne Serra） 大学毕业后就开始在出版行业工作，起初在一些商业小报和杂志社供职，1989 年进入企鹅图书。罗斯安妮目前的职位是副总裁兼艺术总监，也是保罗·巴克利的左膀右臂。她最近在为企鹅和维京的书目做封面项目，同时也为帕米拉·多曼出版社设计书籍封面。罗斯安妮喜欢这种双重身份，既能自己设计封面，同时也和企鹅图书之外的设计师和艺术家合作。

DH

戴伦·哈格尔（Darren Haggar） 自 2003 年"企鹅出版"这一子品牌创立以来，一直担任其艺术总监。在为"企鹅出版"工作前，戴伦是企鹅美国的一名设计师。此前，作为一名书籍封面设计师，他曾在伦敦工作了八年，2000 年 11 月重新回到纽约。

序言：
克里斯·韦尔

在我十二岁的时候，企鹅图书在我的世界里意味着万分悲惨时刻的到来。

有件事我记得尤其清楚：那是一年的春假（应该是我的第一个春假），我原本计划骑骑自行车，在小伙伴家里住几个晚上，然后整天在外面疯跑。然而，一本厚重的橘色大部头被重重地摔在了我们的课桌上，将所有的计划击得粉碎。那是一本《双城记》，必须在开学前读完。我就不去详述我是如何在那个星期日的晚上被各种各样的狄更斯句式搞得焦头烂额，而周一早上进教室前又脑袋空空的窘境了。但是，企鹅图书那特有的橘色一再出现在我日后的学业生涯中，不断地强化着这种悲苦的关联。（看过英国纪录片《49 未知天命》的人也许会回想起一个场景：那个死气沉沉的预科学校的学生骄傲地坐在他的荣誉墙前，墙上摆满了橘色书脊的企鹅图书——这个场景总能让人会心一笑。）我的抵触情绪一直持续到大学时代。当时，许多企鹅图书的书脊突然毫无预兆地变成了让人神清气爽的海泡绿。最棒的是，有些书的书脊变成了深沉的黑色。这种变化犹如一剂缓解消化不良的良药，治愈了我那由于儿时一成不变的精神食谱而依然脆弱不堪的"文学消化系统"。一个名副其实的天才编辑做了一个简单的决定，就将托尔斯泰、福楼拜和毛姆从由突击测验引发的胃酸反流的炼狱中挽救出来，重新带回了我的生活中。这个教训简单明了：书，就像人一样，每一本都各不相同。

作为一名绘本作家，我是出于工作的需要才开始从事书籍设计的，就像我出于同样的需要开始从事文字排印和版画制作的工作一样。作为序言这种文体的一个技术性要求，我选择了讲述我自己的故事。我是零敲碎打地学会了这项工作的，可能还学得很糟糕。所以，通晓设计之道的读者应该能意识到，我可能完全不知道我在说些什么。在我看来，书籍设计的工作是不可或缺的——一本书需要它自己的形态，这就好比橡树从橡子中发芽，而松树从松果中发芽一样。书籍是一副躯体，故事寓于其中才得以生存和呼吸。而且，正如人的身体一样，书籍也有"脊梁"，它的内涵永远比它的外表更加丰盈饱满。除非它能在与读者的对话中自圆其说，否则一本书不可能历久弥新。如果一本书设法进入了我们的生活，它就可能成为我们的伴侣，有时还会改变我们的生活。书籍的封面也就随之从一个单纯的保护性包装，演变成了某种类似作者与读者之间的一场现场脱衣舞表演的东西，它既是一种吸引注意力的手段，也是一种销售图书的方法。封面还会对书籍本身加以扩充，甚至使它的影响延伸至读者的心灵和指尖。

至于真正的图书设计师，我仅仅遇到过为数不多的几个而已。但他们都给我留下了心思细密、衣着光鲜和冷酷无情的印象。最令我感到惊讶的是，恬不知耻的艺术总监们互相之间剽窃成风。有时，一个独具匠心的封面面世后两三个月，就很快遭到模仿。要知道，图书设计师们为了糊口，几乎每天都必须时刻准备着，创造出新颖而又激动人心的原创作品。长期的工作压力带来了巨大的损耗，身体和精神上的双重疲劳就会淘汰一部分弱者。我无法想象接连设计出一个又一个封面，却从不有意无意地在某些精疲力尽、才思枯竭的时刻，从别人的好点子上"汲取灵感"。这种对于永恒的新鲜感的迫切需求，使这个行当与时尚业变得异常相似。最糟糕的设计案例，比如我们在杂货店收银台旁看到的通俗小报、口香糖和戒指造型的糖果；但是那些最好的例证，那些拥有持久的生命力的设计，最近都出自企鹅图书。（没错，就是企鹅图书，它不再是无聊的春假作业的代名词了！）这些设计追随的是由设计师保罗·巴克利所引领的一条道路——以新颖而美丽的方式将文字内容用生动的图像呈现出来。

随手翻看这本设计选，人们就不难发现：无论那些能够反映出消费者观点的"焦点小组"怎样评论图书购买者，无论他们的数量如何日复一日地急速下降，设计师都毫无疑问是一个才华横溢的群体——尽管他们十分脆弱。文字排印和插画设计曾一度协同合作，在一本书被打开之前就能毁掉叙事性的那部分内容。然而现在，与文字和图片相关的工作则独立运作，暗示出与书籍的标题相符或相悖的某种气质、感受或难以捉摸的精神状态。这样一种难以言喻的设计途径与文学的崇高目标前所未有的高度一致，而具体的方法则一如既往的变化多端：在保罗·巴克利为唐·德里罗设计的封面中，胜过千言万语的一张图片所引发的联想使那些被简单地拼接起来的图像充满了生机。而克雷格·莫利卡在为保罗·奥斯特所做的设计中使用的重叠式文字排印，则揭示了在文字的世界里，这位作者对于叙事游戏的特别嗜好。有一点我不明白，而且我怀疑外行的读者应该也无法理解，那就是即便在所有展现在这里的、风格各异的众多封面当中存在着如枝桠般分叉的不同的设计方向，这些方向看似完美无缺，实际上却已经为了呈现出更加体面（或者更有利于销售）的形态而遭到了修剪整饬。小罗恩·加里的《一切都很重要》就是一个格外令人沮丧的案例，有十几个点子都被莫名其妙地放弃了。让读者参与到放弃一个图书封面的残忍决策中，有时候反而会使他们受到伤害。

但是，在理想条件下，一本书（尤其是虚构作品）不正是一件艺术品吗？当仔细考究那些详述了每个封面的创作过程的轶事时，读者应该格外注意各位作者的参与和意见在何种程度上塑造了最终的成果。我个人觉得这种关系十分令人着迷——这种关系里的两种角色我都充当过，并且深信无论作者想要什么就应该得到什么。但事实并非总是如此，这一点有时很容易就能察觉到。作者们并不都是"视觉性的人"，但他们可能对一本书的核心有某种洞见，这也许是设计师所不具备的。当然，有些作者根本不在乎，而是愉快地交出了支配权。（在这里，我需要补充一点：约翰·厄普代克在印刷和排版方面的知识在他的事业中处处得到体现，他曾经声称如果没有事先构思出一本书的书脊，他是不会开始写这本书的。）

目前，随着电子媒体的蓬勃发展，图书的封面可能变得没那么重要了，因为只要我们的电力供应不中断，就时时会有新的手段（微电影和音乐，或者其他只有上帝才知道的东西）出现，去抓住读者的注意力。这其中的一些令人感到愉悦的玩意儿甚至可能演变成文学雄心的可靠的扩音器，而且我认为它们永远不会过时。它们被用来讲述那些过于微妙，或因为严肃到令人难堪而不适于大声地说出来的那些秘密。然而，就目前来看，对于我们中间那些喜欢便携式的、不用充电的、纸质印刷书籍的人们来说，下面的这些内容提供了一些我所知道的最好的例子，这些例子展现出了对于普通读者的理解力的无声的敬意。

引言：
保罗·巴克利

　　过去，出版商和编辑们常常听到艺术总监和设计师们没完没了地抱怨，说他们最棒的作品被身边的凡夫俗子们忽视了。他们也常常听到作者们的怨言，说设计师根本就没读过他们的作品，而这样糟糕的封面绝对会葬送作者的职业生涯。然后，可怜的编辑和出版商们就得小心翼翼地带领大家度过这一棘手的处境，惟愿给所有人一个满意的交代。然后漂亮的设计遍地开花。然后巨大的图书销量接踵而至。大概就是这样的。不过也不尽然。好吧，有时候是这样的。但远远不如我们所希望的那样频繁。

　　事实就是如此，设计类博客上总是有人在不停地问："这个封面为什么被设计成了这个样子？"这时候，设计师通常会出现在网上，尝试着像外交官一般圆滑地做出解答。然而，从业这么多年以来，我只见过一个作者出来帮着解释过一次。所以，我认为在这本书里将双方放在一个页面里，讨论同一个封面会很有意思。在这个过程中，我了解到的一件事就是，当面临将他们的想法变成白纸黑字的时候，作者们远远要比设计师们礼貌得多。但是我看过那些电子邮件，我也听到过那些答复。如果一个作者不喜欢某个封面，他通常会表现得非常"不"礼貌，有时候这是可以理解的。作品是他们多年的心血，对他们来说当然非常重要。后来我们出现了，并且在几周的时间里，编辑就会发一封电子邮件给作者，结尾通常还会加上这么几句话："我们都迫不及待地想让您看看这款封面设计了！我们希望您能和我们一样喜欢它！！！亲亲抱抱。"（这是真的，我见过太多"亲亲抱抱"这种东西了。）紧接着，作者通常都会变得极为惶恐不安。有谁会喜欢附在一封只有两句话，外加三十个感叹号和一句"亲亲抱抱"的电子邮件里的东西呢？

所以，我怎么会只找到了寥寥几个作家，愿意在这样一本书里坦言他

引言：保罗·巴克利

们为什么痛恨为他们所设计的那些封面？我猜，或许时间治愈了一切。或者干脆是因为他们已经习惯了。他们只是在这本书里才表现得彬彬有礼吗？而设计师们在任何时候都显得咄咄逼人吗？有可能。设计师们是激情四射的一群人，他们真诚地希望用自己的作品打动我们，却总是年复一年地遭受拒绝和否定，因此早已将扭扭捏捏的羞怯之情抛到了九霄云外。就像两口子吵架，我们作为其中一方会激烈地为自己辩护，但我们确实有着很好的品位。我是认真的……你真应该看看我穿的鞋。

在这本书里，哪一方讲述的是事情的真相呢？这由您来决定。希望您能够享受阅读这本书的乐趣，并衷心感谢您买了我的书！

亲亲抱抱！

保罗·巴克利

5

#01

《熊猫百科》

作者：
大卫·奥多赫蒂
克劳迪娅·奥多赫蒂
麦克·埃亨

设计师：
克雷格·库里克

艺术总监：
保罗·巴克利

编辑：
瑞贝卡·亨特

PB 我不小心惹恼了一位设计师，为了示好，我请她为这本书设计封面。不久后，她来我的办公室质问："你为什么非要挑这本书让我设计？""你不觉得它很有意思吗？"我问道。"不，这书太荒谬了，实在荒谬！"人各有志，非要让一个人做她不喜欢的工作，一般不会有好结果。所以我打算把这活派给另外一位设计师。不过她显然已经知道这本书的事了，她们在午饭时间就已经谈论过"他怎么会喜欢这本书？还是他只是想惩罚我？"她也不愿意接手这项工作。克雷格·库里克走进来……终于有一个人跟我一样觉得这书超级有趣。我希望它能大卖，这样就可以向作者们证明克雷格的设计确实很赞，也许比他们的书还要好！

克雷格·库里克
设计师

🖋 对于《熊猫百科》这样一本内容复杂、与熊猫主题相关的著作，我真的需要去挖掘更深层次的东西，以真正实现作者们的愿景。很多演员为了更好地演绎角色而依靠一种称为"体验派"的表演技巧。

"体验派设计"是一种类似的方法。设计师用这种方法将自己与他们的插画融为一体。我需要知道作为一只熊猫是什么感觉。幸好我有自己的一套方法，我用自己的方式生活了两周。我穿着相同的衣服，在同一个酒吧里买醉。我甚至像野生熊猫一样，去聆听大自然的音乐。

当我从这种与世隔绝中走出来的时候，我开始着手设计人类历史上最伟大的熊猫封面。尽管我的设计堪称杰作，但是作者们却不认为它真正捕捉到了熊猫的精髓。我心如死灰，感觉再也不是以前的我了。我成了一个心碎的"熊猫人"。

大卫·奥多赫蒂
克劳迪娅·奥多赫蒂
麦克·埃亨
作者

🖋 我们都不喜欢这个封面。这个设计并不适合这本书。这本书里全是关于熊猫的编造的事实，每个事实都配有一幅电脑处理过的漂亮图片。而这个封面更像是为某本法语儿童读物《佩佩，一只时髦的拿破仑时代的熊猫》设计的。

他们问，那你们有什么更好的想法吗？

我们给他们看了英国／爱尔兰版的封面。它看起来就像是一本1970年代末的百科全书或资料手册。奶油色搭配深浅褐色，配以金色的文字，照片上一间看似阴冷的办公室里，一只大熊猫正坐在一台电脑前。

当他们看到这个封面的时候，其中一位女士都要吐了，而另一位男士瞪大了眼睛，接着他做了一个举枪自尽的动作，因为他觉得这个封面太无聊了。他们说，美国人不喜欢这种晦涩难懂的东西。

我们说，我们喜欢的很多东西都来自美国，都很难以理解。比如米奇·赫贝格（喜剧演员）、克里斯·韦尔（艺术家）、麦当娜（歌星）。

他们说，我们的预期销量是五万册到十万册。

我们说，我们当然可以做些妥协。

他们修改了字体，去掉了舌头（原始设计图上的熊猫吐着舌头）。

我们仍然认为这个封面是个彻头彻尾的错误。

他们说已经把这个封面拿给销售人员看过了。销售人员们觉得这个封面很棒，甚至可以入选《企鹅最佳封面选集》。

差劲的出版业的浑球儿们！

（左）英国／爱尔兰版的封面
（右）克雷格·库里克被作者否掉的封面

100 FACTS ABOUT PANDAS

DAVID O'DOHERTY, CLAUDIA O'DOHERTY,
AND MIKE AHERN

02

《天使制造者》

作者：
斯蒂芬·勃赖斯

设计师 | 插画师：
詹·王

艺术总监：
罗斯安妮·塞拉

编辑：
凯瑟琳·科特

封面提案

詹·王
设计师 | 插画师

💬 在读斯蒂芬·勃赖斯的作品时，书中关于小镇居民之间盘根错节的关系的主题让我产生了强烈的共鸣。这部小说充满了黑暗而引人遐想的意象，暗含着许多纠结而不可避免的关联。而这些都是我很想去表达的内心体验。

《天使制造者》初稿的封面图案是一条蛇。这个灵感来源于小说中的一个人物雷克斯·克莱莫对主角维克多·霍普的一段描述："他觉得维克多有一些自我意识，但事实并非如此。事实要简单得多，而且更有逻辑。答案就是这条蛇本身。维克多既是蛇头，也是蛇尾，他在吞噬的同时也在被吞噬，就这么简单，他根本没有选择。"

封面上的蛇被设计成了一段DNA的样式，在主题层面呼应了衔尾蛇的创意，体现了过去在当下的重演，以及维克多命运的循环，也描绘出了沃尔夫海姆这座小镇上的人们的生活状态。

斯蒂芬·勃赖斯
作者

💬 感谢上帝！终于有一位设计师真正读了我的书！这是我看到这个封面时的第一个念头。那时候，我的这本书已经出版了多个语种的不同版本，封面也各不相同。这个小说的名字和克隆人的主题，外加哥特式的氛围，让世界各地的设计师都尝试采用毛茸茸的翅膀、可爱的天使、畸形的脸、巨型的卵、人类或非人的元素。吸血鬼德库拉式城堡和阴云密布的地平线也是屡次出现的设计主题。而这个封面却完全不同，原创性十足。第一次，书的内容、主题和氛围都在一张图里得到了体现，就像我自己在最后一章的中间段落，用一句话概括这本书时说的那样："如果你画一条线，看，从这里，医生的家，曾长着一棵胡桃树的地方，一直延伸到三处边界，你就能看到所有的悲剧是如何像树根一样，从那一点蔓延开来的。"

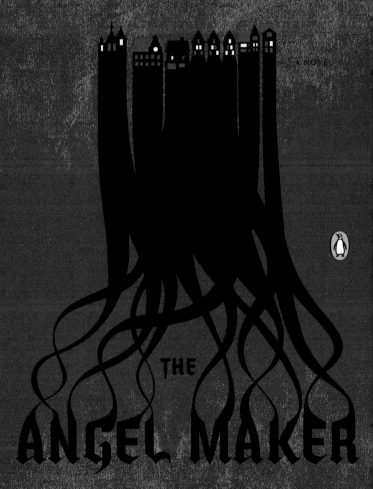

A NOVEL

THE ANGEL MAKER

Stefan Brijs

#03

《你为乡村摇滚准备好了吗？》

作者:
彼得·道格特

设计师:
杰西·马利诺夫·雷耶斯

艺术总监:
保罗·巴克利

编辑:
詹妮弗·艾曼

PB 杰西一直是我最喜欢的设计师之一。他在设计史方面无比渊博的知识和他广泛收藏的短时效的印刷藏品，使他总能为任何具有历史意义的主题提出睿智简洁的解决方案。他的设计从不过分张扬，我们可能不会立刻看明白，但是任何一个元素都不会平白无故地出现。

《你为乡村摇滚准备好了吗？》的封面展开图

杰西·马利诺夫·雷耶斯
设计师

🔊 英国作家彼得·道格特的这部专著论述了摇滚乐如何根植于乡村音乐和西部音乐（还有蓝调音乐），又反过来对这些音乐风格产生怎样的影响。他为我们提供了一次追溯历史的机会，使我们得以重新想象摇滚乐由那些简单的、两分钟左右的流行小调逐渐成熟，在结构上变得更为复杂有趣的过程。在这次设计中，我要回到从前，去拥抱摇滚乐的本源。

对我个人而言，我想到的是鲍勃·迪伦"去南方"录制唱片《纳什维尔的地平线》（1969），没有什么比这更能阐释这本书了。比较棘手的问题是如何去抓住其中的理念，而不是机械地描绘迪伦在录音棚中或是为拍摄宣传照而摆姿势的场景。最后，我们采取了一点与历史有关的小花招。1965年迪伦在英格兰巡演时，传奇摄影师巴里·费因斯坦曾为他记录下了很多珍贵的瞬间。其中有一张是迪伦在行驶的火车上凝视着窗外的照片。这是一张横版的照片，如果作为书籍封面展开图，将会非常亮眼。因此这张照片被移花接木地用来表现知性的迪伦坐着开往纳什维尔的火车，摇滚史上迎来了新篇章。

在设计上，我想让它看起来朴实无华，所以采用了一种类似老式木活字印刷的字体——粗笔长体铅字，看起来与老式乡村音乐唱片封面和"乡村"风格的图样协调一致，就是类似农场手册的那些东西。我还用了一种在1960年代末期很流行的老式字体——库珀黑斜体。"对花不准"双色印刷的铅线和装饰图案也会让人联想到那些速印目录或农业报告。在书脊上，我放置了一对装饰性的边框图案，来展示另外两个音乐人的肖像，分别是约翰尼·卡什和尼尔·杨，以此来说明这本书在内容上的广泛性，又不会让这个设计变得过于复杂。最后，我们使用了非涂布纸来印刷这本书。

彼得·道格特
作者

🔊 我在丹佛的一家书店里第一次看见这个封面。那时，我的关于乡村音乐与摇滚音乐如何激情碰撞的书已经以一款完全不同的封面在伦敦出版一年了。而这是一幅很震撼的照片，照片中的鲍勃·迪伦超凡脱俗、神秘莫测，又远离尘嚣，确实是一幅令人难以忘怀的封面设计。如果出版前我看到这个设计，也许我会否掉它，因为它准确地捕捉到了当鲍勃·迪伦拥抱更保守的纳什维尔时，他所舍弃的意向。英国的封面更贴切，但是不够有吸引力。所以说，格调更重要，还是真实更重要呢？讽刺的是，这正是本书的关键主题之一。

ARE

YOU

READY

FOR

THE

COUNTRY

✬ ✬ ✬

Elvis, Dylan, Parsons
and the roots of country rock

Peter Doggett

04

《故事的艺术》

作者:
丹尼尔·哈本

设计师:
保罗·萨尔

摄影:
迈克尔·诺斯拉普

艺术总监:
保罗·巴克利

编辑:
伊丽莎白·斯弗顿
凯瑟琳·科特

保罗·萨尔
设计师

💬 关于这个封面,我记得当初有几个初稿我都很喜欢。每一个都曾得到过出版商的青睐,但最终都因为作者的介入而夭折。

依次是:

彩色圆点设计,交替变换的彩色字体,云彩和故意对不太准的字体,由字体构成的字体……

在每个案例中,我都尝试设计一种封面,既可以让人联想到短篇故事集,同时又有国际化的感觉。现在回想起来,我觉得所有设计都有一个共同的问题,就是都试图表达很多。而结果就是,每个设计都让人感觉太抽象,不尽如人意。

直到我们突然有了超文字性的想法,并且开始考虑"短"故事这一概念时,最终的封面创意才出现。

作为一个书籍封面设计师,设计被否定是工作的一部分。但也有这样的例子,某些否定当时在设计师看来是个错误,却最终导向了一个更好的封面。

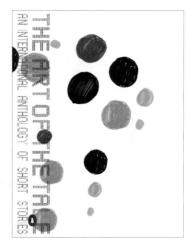

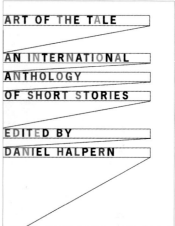

封面提案

THE ART OF THE TALE

AN INTERNATIONAL ANTHOLOGY

OF SHORT STORIES

EDITED
BY

DANIEL HALPERN

#05

《保罗·奥斯特系列》(再版)

作者：
保罗·奥斯特

设计师：
克雷格·莫利卡

艺术总监：
保罗·巴克利

编辑：
加里·霍华德
保罗·斯洛瓦克

PB 作为艺术总监，我可以选择亲自设计一些封面，将另外一些分配给我的员工、自由设计师或者别人。当重新设计保罗·奥斯特再版书这样的好机会出现时，我想任何一个精神正常的艺术总监都不会把它派给别人。我现在已经记不清当时的情景，但我肯定是忙疯了。不管怎样，我对它现在的呈现方式非常满意，它们看起来是如此的漂亮。

保罗·奥斯特
作者

1980 年代中期到 1990 年代中期，我在企鹅出版过十本书。对于这十本书的封面设计，我的感受很复杂。它们有些很成功，有些则很失败，总之良莠不齐。几年前，令人尊敬的保罗·斯洛瓦克决定重新包装再版这套书，并且要做一套风格统一的书封。我惟一的建议就是不用任何图片，仅在纯粹的字体版式上下功夫。结果大大超出了我的预期。克雷格·莫利卡想出了一个绝佳的方案，尽显设计的智慧与优雅。每个书封上都是一些固定设计元素的变体，但色彩与几何图形的组合又各不相同。这使每册书看起来都别具一格，却又明显属于同一个系列。依我看来，这算得上是当代设计史上的一部杰作。

克雷格·莫利卡
设计师

一天晚上，我在保罗·巴克利的桌子上发现了一摞保罗·奥斯特的旧版平装书。作为保罗·奥斯特的狂热书迷，我立刻就对这摞书产生了好奇。当我向保罗问起它的时候，他给出了我所希望的那个答案："我们要重新设计保罗·奥斯特的再版书，怎么了？"他话还没说完，我便带着些许恳求问他能不能让我接手这个设计。他开始有点犹豫，但最终招架不住我的软磨硬泡而答应了。这套书总共九册，都需重新设计。巴克利建议我"运用字体进行艺术创作"。嗯，好吧，用天马行空的字体设计方案为九本奥斯特的作品设计封面？！我记得我当时的想法就是，天啊！我太爱我的工作了！

这套书出版后不久，我被邀请参加了保罗·奥斯特新书发布会。当我看到奥斯特先生的时候，我什么都不想说。但是我姐姐找到了他的妻子斯瑞·哈斯特维特，并且坚持要我介绍一下自己。斯瑞很快察觉到了我的不安，于是带我们去了外面。在那儿，他的丈夫正和另一个人在暗处聊天。斯瑞非常善解人意，她跟他的丈夫介绍了我和我姐姐。我说："对不起，打扰你们谈话了。"站在暗处的那个人说道："哦，没关系，我正要走。"他离开时，奥斯特说道："再见，唐·德里罗。"我心想，噢，这可一点也不意外。

PAUL AUSTER

IN THE COUNTRY OF LAST THINGS

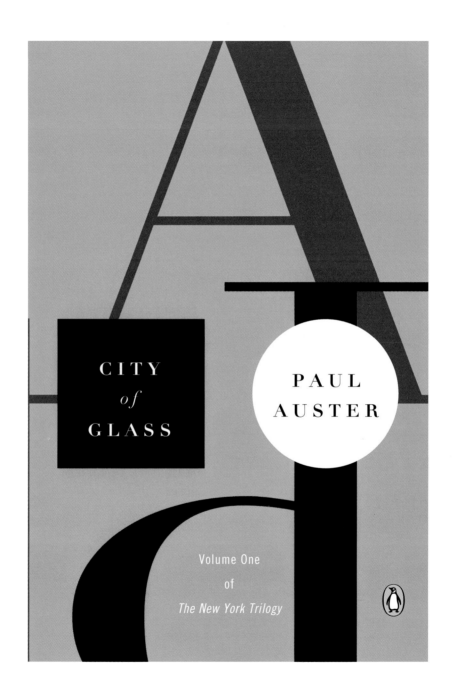

CITY
of
GLASS

PAUL
AUSTER

Volume One

of

The New York Trilogy

06

《单车日记》

作者 | 插画师:
大卫·拜恩

设计师 | 艺术总监:
保罗·巴克利

编辑:
保罗·斯洛瓦克

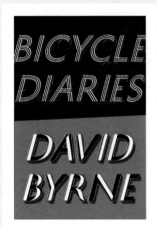

封面提案

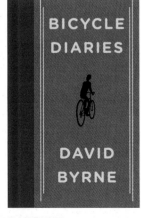

维京精装版封面

大卫·拜恩

作者 | 插画师

💬 封面设计是基于不可预见性和可操作性的合作，这也正是它有意思的地方，就像拼图游戏一样。看看现在日渐衰落的音乐包装，就很容易理解纸质书必须看起来漂亮拿起来又有质感，才能生存。CD 的塑料盒难看又容易摔碎，难怪消费者要摒弃它们。大部分纸质书也不怎么好看，所以当它们消失了，人们也不会怀念。

我觉得不需要用一张纸质封面去强调书是一种"实物"。所以我给了保罗一些没有书封的样书，并且画了一张我在骑自行车的画。在针对一些技术问题和实际问题做了研究之后（简介在背面还是在勒口？条形码是贴上还是印在腰封上？），保罗给了我一些很漂亮的排版方案和字体选择。然后我们就顺利向下进行了。

保罗·巴克利

设计师 | 艺术总监

💬 大卫·拜恩在许多艺术领域成绩斐然。众所周知，他是一位卓越的音乐家和演出主持人。不仅如此，他还是一位备受赞誉的视觉艺术家，凡是印着他名字的作品一定都有着非凡的独特设计。所以，当大卫·拜恩走进你的办公室跟你讨论他的书的封面设计时，这简直太酷了，可也让人有点紧张。

大卫来的时候已经做了充足的准备，带了一些自行车的草图，而且带着很明确的指示——他想要非常简洁的设计。我对简洁很赞同，但是对"自行车"的意象心有疑虑。一本名叫《单车日记》的书，封面再配上一幅自行车的图，怎么看都有点多此一举。我们讨论了一下大卫画的草图，然后我试着礼貌地提出了我的想法："嗨，我为你的书做了几个纯字体的封面设计，这些设计都间接地暗示了运动的状态，它们正好就在我的桌子上……"在做这些设计的那个星期，我看了许多他以前的作品，我相信大卫可能会喜欢它们。这些设计很抢眼，且充满活力，我觉得"非常大卫·拜恩"。但是我大错特错了。他看了看我的设计，然后平静地说："我懂你的意思，嗯……"这种迟疑持续了很久，为了让我俩都不再痛苦，我说："那好吧，等你完成了自行车的图，可以转换成 JPEG 格式吗？"他说："好的，当然，当然……"最后就这么定了。我的设计图全部进了电脑回收站。

最后，我很快敲定了一个更干净的设计图。我们都很满意最终确定的封面所体现的坦诚、大胆和简洁。尽管我仍然认为，对于封面设计来说，采取一条略微间接的途径去表现一本书的内容是最有趣味的。而这个设计确实成功了——大卫迷人的画作令各元素完美结合。

BICYCLE

DIARIES

DAVID

BYRNE

07

《想象的动物》

作者：
豪尔赫·路易斯·博尔赫斯

设计师：
杰西·马利诺夫·雷耶斯

插画师：
彼得·西斯

艺术总监：
保罗·巴克利

编辑：
迈克尔·米尔曼

杰西·马利诺夫·雷耶斯
设计师

🗨 最后确定由爱德华·戈里来创作插画，他是再合适不过的人选了。这个想法真是令我头晕目眩（这可不是我平时的状态）。我喜欢戈里的画很多年了，而且收藏了他给纽约出版商创作的所有作品，包括 1950 年代和 1960 年代为安可图书设计的封面，以及在备受尊崇的纽约哥谭书店独立出版的作品，这些作品为限量签名版，非常珍贵。在签合同的同时，我已经开始和戈里讨论封面设计，还制定了一份进度表。在这期间，还不到一周时间，戈里就去世了。

几年后，本书编辑迈克尔·米尔曼从他的书架上重新拿出了这本《想象的动物》，并且新请来了一位同样优秀的艺术家——彼得·西斯。这位来自捷克斯洛伐克的艺术家因为为获奖童书创作插画而闻名，他的大多作品都是关于民间传说的。虽然西斯的作品不像戈里的那样令人毛骨悚然，但它们有着同样的甜蜜气息，又结合了一种黑暗的特质，这赋予了它们令人惊异的力量。

当我开始着手设计，我把它当作一本遗失已久的书。封面、书脊和封底的背景设计都采用古旧的 19 世纪的装饰装订风格。我采用了一个边框图案去展示封面上的那幅画，并将次级标题同这个边框的金色镶饰统一了起来。然后我们影印了一本有八十年历史的艺术字拓板书，用字母表里的字母拼出书名和作者名。这样便赋予这种字体一个更加独特的外观，使它看起来年深日久而又神秘莫测。最后，我们将封面印在了厚重的、非涂布纸上。整个方案都是对于历史错觉的运用，就像是博尔赫斯记录的那些虚幻生物似的。

安德鲁·赫利
译者

🗨 彼得·西斯非常适合为博尔赫斯的这本书创作插图，所以当他考虑是否要接受任务的时候，我们紧张得冒汗。这幅"古董"封面有着磨旧的皮封和褪色的金边，非常适合博尔赫斯的这部作品。他的作品号称中世纪到文艺复兴期间最重要的动物寓言集之一，内容混杂了科学、幻想、惊奇，还有惊悚恐怖之物，正像是一本人们脑海中在博尔赫斯的私人图书馆才能找到的书。（书脊上那块故意磨损的皮子简直太天才了！）

THE BOOK OF
IMAGINARY
BEINGS

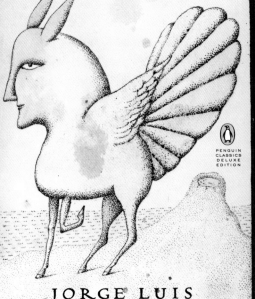

PENGUIN
CLASSICS
DELUXE
EDITION

JORGE LUIS
BORGES

ILLUSTRATED BY PETER SÍS

TRANSLATED BY ANDREW HURLEY

08

《得失之间》

作者：
吉姆·鲍威尔

设计师：
克雷格·库里克

艺术总监：
保罗·巴克利

编辑：
斯蒂芬·莫里森

PB 这个封面设计是典型的库里克式作品，设计师很快就敲定了基本架构。这框架与各种背景颜色搭配起来都很好看。我们试了许多种颜色，最终决定用黄色。但是我们试用的每一种黄色所展示出的效果都好像在说："不好意思，这个色调不太对劲。"我们总共尝试了十五种黄色，直到大家达成一致意见。我十分喜欢这个封面，可如果依我的品位，选定的这个颜色还是有些旧。

克雷格·库里克
设计师

那是一个炎热的夏天，非常热，要是你在裤子里放个生鸡蛋，两分钟以后你就能吃上鸡蛋饼了。不过今天我吃了百吉饼，没吃鸡蛋饼。在哈德森街 375 号，热浪算不上炙人。7 月 22 号，像往常一样，我开始了新的一天：起床，晨跑 15 英里，从树上救下一只小猫，然后出门。但是今天不是普通的一天。要给一本即将出版的书赶做封面设计。不过万事要考虑周全，别太毛躁。然后我的灵感来了。我即将开始一段旅程，而正是这段旅程带我走到了今天。这本书名叫《得失之间》，尽管我的名字还不在上面，但有一天会的。这可不是一本微不足道的书。

吉姆·鲍威尔
作者

这是我的第一部小说，当他们向我展示封面的时候，我非常惶恐不安。要是我不喜欢它怎么办呢？我预计会在去纽约同我的编辑首次碰面时见到它。要是我对编辑说封面很糟糕会怎么样呢？他还会带我出去吃午饭吗？

后来我见到了这个封面，它简直妙不可言。它充满了戏剧性，匠心独运而又有点古怪，而且完全忠于小说本身。我对这封面真是一见钟情，并且从始至终都很喜欢。

a novel

The BREAKING of EGGS

JIM POWELL

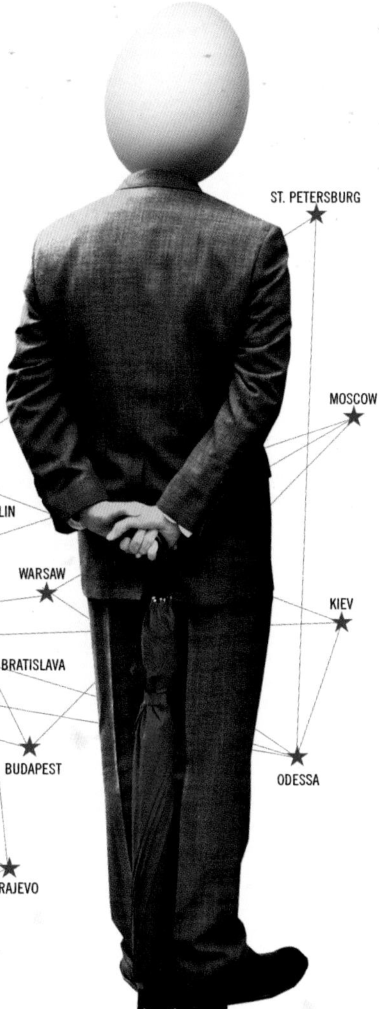

09

《勃朗特姐妹》

作者：
夏洛蒂·勃朗特
艾米莉·勃朗特
安妮·勃朗特

设计师：
凯利·布莱尔

封面原图作者：
未知

艺术总监：
罗斯安妮·塞拉

编辑：
艾尔达·鲁特

RS 设计《企鹅经典系列》特别版时，我们总是想着怎么能创作出更特别的装帧，它必须很精美，适合作为礼物，因为太漂亮而必须拥有。我曾和凯利·布莱尔创作过《简·奥斯汀小说全集》的封面。我想要一幅既有精美的古旧感又很现代的作品。最终，黑色的树枝剪影体现了所需的阴郁感，又不会显得过于压抑。它使用了一幅传统的老油画，却赋予了它新的生命。

凯利·布莱尔
设计师

💬 在我看来，这真是我经历的最棒的项目之一，从一开始大家就意见一致。这个封面是我发给罗斯安妮的第一批封面中的一个，它很快就被确定了下来。当然，这也是我最喜欢的一个。我非常喜欢整个封面传达的信息，既呼应了三位作者，又体现了小说的情绪和情境。我很希望能听勃朗特三姐妹谈谈对这个封面感觉如何。

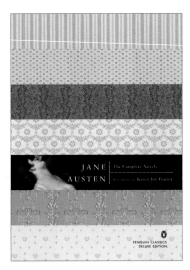

《简·奥斯汀小说全集》

朱丽叶特·威尔斯 博士
曼哈顿学院英语系助理教授

💬 勃朗特三姐妹，每个人都有着惊人的才华，却都不具有传统意义上的美貌，并且对外界都以笔名示人。她们离群索居，彼此相互支持，创作出了有着丰富想象力的作品。在远离尘嚣的一座阴暗的房子里，她们探寻着灵感和心灵慰藉。与她们同时代的人，都惮于年轻女性心中抱有如此大的激情，对勃朗特姐妹的独创性毁誉参半。得知死亡的阴影将会过早地降临在她们的身上，谁不愿意循着封面上的这些肖像来追思这三姐妹呢？这是一组描绘了三个可爱女性的三联画，她们的眼神中都闪烁着天才的光芒。

《勃朗特姐妹》封面展开图

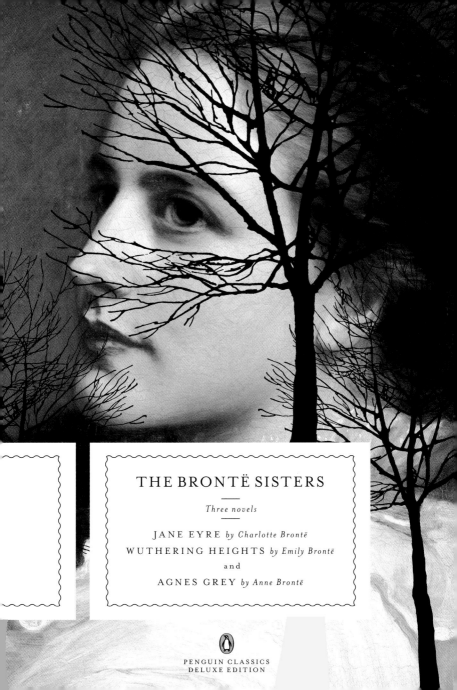

THE BRONTË SISTERS

Three novels

JANE EYRE *by Charlotte Brontë*
WUTHERING HEIGHTS *by Emily Brontë*
and
AGNES GREY *by Anne Brontë*

PENGUIN CLASSICS
DELUXE EDITION

#10

《系统之帚》

作者：
大卫·福斯特·华莱士

设计师 | 插画师：
杰米·基南

艺术总监：
保罗·巴克利

编辑：
加里·霍华德
露西亚·沃森

保罗·巴克利
艺术总监

🖝 人们大都认为简·曼斯菲尔德死的时候是身首异处的。想到这一点，这个封面看起来就会有点毛骨悚然。这件事后来被证明只是一个都市传说，但是她的确死于严重的头部创伤。她的车与一辆拖车相撞，车身从拖车后面钻进了拖车底部，车上的三个成年人当场死亡。这场惨剧之后，所有的拖车底部都要求安装金属杆，就是现在我们能在卡车上看到的那种，以防类似的惨剧再次发生。这根金属杆就是人们所说的"曼斯菲尔德金属杆"。

杰米·基南
设计师 | 插画师

🖝 《系统之帚》的故事发生在克利夫兰的郊区。从空中俯瞰，这一地区的外观正是简·曼斯菲尔德的样子。我知道了这些就足够了……

DAVID FOSTER WALLACE

AUTHOR OF *INFINITE JEST*

The Broom of the System

"Daring, hilarious…a zany picaresque adventure of a contemporary America run amok." —THE NEW YORK TIMES

#11

《郊区佛爷》

作者：
哈尼夫·库雷西

设计师：
戴伦·哈格尔

艺术总监：
保罗·巴克利

编辑：
纳恩·格拉汉姆
詹妮弗·艾曼

哈尼夫·库雷西
作者

🗨 我更愿意让各国的编辑和出版商来决定我的书的封面设计。《郊区佛爷》这本书全世界有许多个版本的封面。我惊讶于这些封面之间的巨大差异。我不希望自己选择封面，因为我觉得编辑们应该比我更了解当地的市场和读者。不过，这是一个很灵动秀美的封面。封面字体展现出一种花哨又明快的感觉，一种含苞待放的美。在我心里，它和费伯出版社的彼得·布雷克的封面旗鼓相当。这个版本已经出版很久了，我刚刚看到，并且我仍然在习惯它的过程中。但我认为它是我最喜欢的封面版本之一。

戴伦·哈格尔
设计师

🗨 这就是行业内所谓的"悄无声息的重新包装"。书籍重印时，封面被完全重新设计，重新印刷。不会大肆宣传，图书出版目录上也不会提及，甚至连关于它的只言片语都没有。老实说，我都不确定这个版本的封面是否真的问世了。我没在书店见过它，也没在办公室见过打样，我好像都找不到任何电子文件了（现在有点担心，万一我们需要修改怎么办！）。现在看这封面，我真希望我当初在字体上多花些工夫——也许可以用一点套色移位来搭配封面设计。

46

Author of *My Beautiful Laundrette*

HANIF KUREISHI

THE BUDDHA OF SUBURBIA

"Raunchily, scabrously
brilliant . . . fascinating and
infuriating . . . Kureishi has
an extraordinary gift for
creating vivid characters."
—*THE BOSTON GLOBE*

#12

《廉价》

作者:
艾伦·鲁佩尔·谢尔

设计师:
本·威斯曼

艺术总监:
戴伦·哈格尔

编辑:
埃蒙·多兰

艾伦·鲁佩尔·谢尔
作者

🗩 我在路上碰到了我的邻居,停下来聊了一会儿,当时我正拿着《廉价》这本书。邻居刚好是一位设计师,设计工作中就包括书籍封面设计。因为孩子们的缘故,我们相识很多年了,但他一直都不知道我是干什么的。他询问了我女儿的近况,然后聊起了我手里的这本书。"这书好看吗?"他问道。我说:"希望如此,因为这是我写的。"他很惊讶,问我能不能让他看一看。我把书递给他,他拿在手中看了看,说:"这个封面设计花了不少心思。"然后,他开始分析这本书的封面是如何的出色。我认真听着,对他的观点表示赞同,并默默希望他能问我一些这个封面包装下的这部作品的事情。

可是他没问。一周后他来我家拜访时对我说,他买了我的书,还送了几本给朋友们。事实证明,封面确实可以影响书籍的销量。

本·威斯曼
设计师

🗩 小道具: 0.01 美元
扫描仪: 149.99 美元
Adobe Creative 软件套装: 575.00 美元
三杯咖啡: 6.85 美元
四罐健怡可乐: 4.00 美元
眼药水: 3.97 美元
止痛药片: 7.99 美元
无线网络: 蹭的
成功入选保罗·巴克利的这本书: 无价

"Pay full price for this book.... It's worth it."
—*The New York Times Book Review*

¢HEAP

The High Cost of Discount Culture

ELLEN RUPPEL SHELL

#13

《中国情人》

作者:
伊恩·布鲁玛

设计师:
泰尔·格雷茨基

插画师:
未知

艺术总监:
戴伦·哈格尔

编辑:
劳拉·斯蒂克尼

伊恩·布鲁玛
作者

💬 优秀的书籍封面不仅仅是幅插画。它能传达出故事中的氛围、颜色、气味和情感。下面这幅由加布里埃尔·威尔逊设计的封面就将这点诠释得恰到好处。

封面是一张香烟或是妓院的广告画。这张中国海报上的年轻女人展现了1930年代老上海的魅惑感。画中女孩眼神妩媚,在书脊的位置凝视前方,世故、挑逗,还有一点危险。

确实滥俗,但这恰恰是我们要表达的。这个女孩就像是那个年代的电影明星一般,毫无个性可言,像商品的商标一样,不断重复塑造着相似的形象。这本书的女主人公就像封面上的女孩一样,她的存在只是一种幻象,犹如海市蜃楼一般,是想象力臆造的产物。

泰尔·格雷茨基
设计师

💬 读完书的第一部分后,考虑到书的女主人公是一个中国电影明星,我开始沉迷于研究1930年代的电影海报。我提交了下面这个设计,希望能被选中。但以防万一,我还设计了另一个版本,采用了加布里埃尔·威尔逊用作精装封面的那幅画。最后,恰恰是这个封面被选中了。其实,加布里埃尔的这幅画是从一张海报翻拍而来的。那张海报挂在她办公室隔壁的女房东的画框店里。

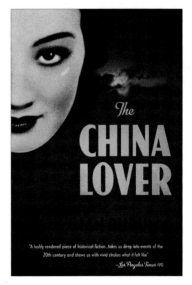

封面提案

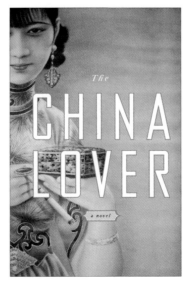

企鹅出版精装版封面

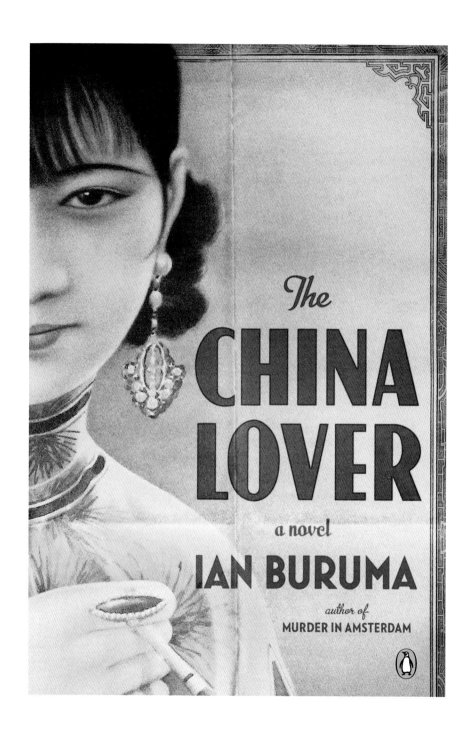

The
CHINA
LOVER

a novel

IAN BURUMA

author of
MURDER IN AMSTERDAM

#14

《企鹅经典系列》(时尚版)

作者:
多位作者

设计师 | 插画师:
鲁本·托莱多

艺术总监:
罗斯安妮·塞拉

编辑:
艾尔达·鲁特

艾尔达·鲁特
编辑

🗨 当我从艺术总监罗斯安妮·塞拉那里得知,时尚插画师鲁本·托莱多同意为我们设计《企鹅经典系列》(时尚版)三本书(《呼啸山庄》《傲慢与偏见》《红字》)的封面时,我简直激动死了。当年上学的时候,我就从早期的《纸品与细节》杂志上剪下他的插画来收藏,而且我非常喜欢他给巴尼百货商店画的壁画,还有他在诺德斯特龙百货全国平面广告大赛上令人惊艳的作品。尽管这三幅封面都很棒,但是我个人最喜欢《红字》。红发的海丝特·白兰穿着羊绒质地的裙子,上面绣着一个超大的红色字母"A",绣线在她的身上纠缠着。鲁本描绘的那个富有象征意义的野孩子珠儿穿着一件"三宅一生"式的褙子衣服,紧紧抓着海丝特。她注视的目光有如安妮·温图尔一般令人望而生畏。哪个追赶时尚潮流的人能抵抗这种设计呢?但最令我着迷的是,鲁本的设计很好地将19世纪的象征主义和21世纪的流行时尚结合在一起。我见过《红字》早期版本的插图,也有一些意象给了鲁本·托莱多灵感,尤其是里面那些"喜欢说三道四的妇人"。那些八卦妇人在宽大的勒口和封底多刺的玫瑰花丛之间传递着流言蜚语。最后,所有对字体设计着迷的粉丝都会喜欢鲁本设计的字母A。象征着"通奸"(adultery)的字母"A"采用了多种衬线和非衬线的设计。大神托莱多!名副其实!

罗斯安妮·塞拉
艺术总监

🗨 我想让《企鹅经典系列》(时尚版)看起来更女性化一些。时尚是一种选择。这是多好的一种激励年轻女性阅读名著的方式啊!我联系了几位时尚设计师,心想他们应该会喜欢这个想法,结果却事与愿违。他们习惯于进行立体设计,而非平面设计;他们向我夸下海口,回头却不回电话了。总之,进展很不顺利。我只能将这个想法暂时搁置,但是我真的非常想将它付诸实践。然后我突然想到一个方法,雇用时尚插画师!他们应该会理解我的想法。与鲁本·托莱多的合作非常愉快,他的邮件真是幽默又疯狂!总之,这成了我最喜欢的项目之一!

鲁本·托莱多(评价《呼啸山庄》)
设计师 | 插画师

🗨 我个人最喜欢的作品是《呼啸山庄》。这是一个宏大的故事,里面有着庞大的人物脉络,巨大的时间跨度,但故事都发生在一个特定的地方。为了真实地呈现出故事本身,我觉得我不得不亲自手绘这个地方,画出这里的地形地貌,用真实扭曲的地貌反映出曲折的故事和生活在这里的扭曲的人。我相信"一方水土养一方人",地域与基因同样塑造了我们。封面所表现出的阴郁氛围和死亡气息就像是一个不可思议的浪漫鬼故事。

Wuthering Heights

Emily Brontë

Penguin Classics Deluxe Edition

鲁本·托莱多（评价《红字》）

设计师 | 插画师

> 关于《红字》的设计，怎么说呢，我非常喜欢女裁缝，实际上我妻子就是一个裁缝。我想要捕捉到当我的妻子伊莎贝拉在刺绣或缝补时，我在她眼神中看到的那种禅宗式的专注和激情。女性能够编织她们自己的故事，缝合她们的命运，还能试着去修补她们的生活，这个想法对我来说是个非常迷人的意象。我们的孩子被迫接受父母传下来的观念，而在某种时刻，他们可以摆脱它，就像脱掉一件旧大衣，然后依照自己的想法快乐生活。这种关于"新生"、"返老还童"和"重生"的想法，对我来说都特别美国。

鲁本·托莱多（评价《傲慢与偏见》）

设计师 | 插画师

> 关于《傲慢与偏见》，我想要捕捉到这部小说气质中那种来回往复的社交书信体的一面。它像是一场"约会游戏"，为了赢得胜利，游戏里的每个人都理应找到合适的另一半。《傲慢与偏见》的写作风格很棒，在一连串琐碎而轻佻的社交周旋和异常沉重的隐晦评论之间找到了很好的平衡。这些评论要么针对某些社会成员（特别是女性），她们只有通过婚姻才能获取自由，要么是针对某些被禁锢的女性。黑白历史剪影描绘了那些追随时尚潮流的无名之辈，他们通过附庸某种特定的风尚将自己伪装成适于婚姻且大体上适于出入社交场合的那类人。

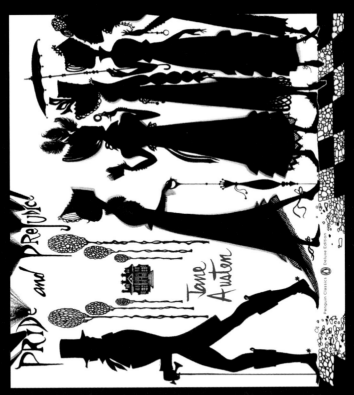

Pride and Prejudice

Jane Austen

JANE AUSTEN ❦ PRIDE and PREJUDICE ❧

R. Toledo

A PENGUIN BOOK
LITERATURE

U.S. $16.00
CAN. $20.00
U.K. £12.99

COVER DESIGN AND ILLUSTRATION: RUBEN TOLEDO
Visit www.vpbookclub.com • www.penguinclassics.com
Penguin Classics Deluxe Edition

Penguin
Classics
Deluxe
Edition

ISBN 978-0-14-310546-6

EAN

15

《文化是我们的武器》

作者：
帕特里克·尼特
德米安·布拉特

设计师 | 插画师：
克里斯托弗·布兰德

艺术总监：
罗斯安妮·塞拉

编辑：
汤姆·罗伯格

帕特里克·尼特
作者

💬 这个封面有点 1970 年代的味道，我很喜欢。这本书的封面与其他书籍的不同，它更像是一个不那么愤世嫉俗的时代的音乐专辑封面。在那个年代，似乎真诚的变革会带来真实的改变。这个封面所表达出来的情感让我想起了莱米·加里奥库为费拉·库蒂和 Africa 70 乐队创作的那些具有里程碑意义的设计作品：它们大胆而极具革命性，专为那些无畏的革命者而创作，因此，也非常适合"非洲雷鬼"运动。

德米安·布拉特
作者

💬 用一种不规则的方式去排列字母，这让我想到了巴西贫民区的建筑，而整体布局则让我想到了索尔·巴斯的作品。黄色和绿色则让人联想到巴西。封面上的手和麦克风表达的是这本书的精髓：被看见和被听到。

克里斯托弗·布兰德
设计师 | 插画作家

💬 通常情况下，当我开始构思一本书的封面时，设计理念对我来说是最重要的。这个封面背后的想法非常简单直接，不过我觉得它在设计理念上的缺失，被明快的色彩和特别设计的字体弥补了。起初，这是我提交的作品里最不满意的一幅，但是慢慢地我越来越喜欢它了。

"THIS BOOK CAPTURES THE ENERGETIC FEEL OF THE CITY AND OF EVERYTHING AFROREGGAE DOES PERFECTLY." —QUINCY JONES

CULTURE IS OUR WEAPON

MAKING MUSIC AND CHANGING LIVES IN RIO DE JANEIRO

PATRICK NEATE AND DAMIAN PLATT

PREFACE BY CAETANO VELOSO

16

《唐·德里罗系列》(再版)

作者:
唐·德里罗

设计师 | 艺术总监:
保罗·巴克利

摄影师:
多位

编辑:
伊丽莎白·斯弗顿
保罗·斯洛瓦克

保罗·巴克利
设计师 | 艺术总监

🖢 当接到再版唐·德里罗系列这个设计项目时,我超级兴奋,立马开始着手设计德里罗所有的作品。然而当我带着下面这个封面去参加封面方案讨论会时,出版人疑惑地看着我的编辑,然后编辑看看我说:"嗯,保罗,这设计美极了,但是我们没有这本书的版权,从来就没有过。"

杰夫·布鲁斯
摄影师

🖢 保罗很擅长在封面上将德里罗书籍的内容和意义与视觉形象完美结合。我愿意这样看待我早期那些高速公路题材的摄影作品(就是保罗采用的那些)所表现出的氛围:它们暗示着一个犹疑不定的国度的躁动不安,传达出一种不祥的预感,挑战着"美国梦"和我们文化中的潜在分歧——尽管所有人都得到了经济平等和社会公正的承诺,可分歧依然普遍存在。德里罗围绕这些相同的主题创作,向我们展示了这个社会潜藏的阴暗面,以及光鲜外表下腐朽不堪的内部构造。作为德里罗的忠实粉丝,志同道合的我们能各展其能一起合作,让我非常激动。

杰森·福尔福德
摄影师

🖢 很多年来,《白噪音》一直是我最喜欢的一本书,所以当保罗来找我一起合作这个项目的时候,你能想象我当时的感受吗?我那时刚刚读到一则有关巴哈马群岛颇受争议的广告,广告中沙滩的场景其实是在牙买加拍摄的。《白噪音》最终的封面中,红色滑梯的照片拍摄于布加勒斯特,而云朵的那一张则拍自路易斯安那。

《球门区》是关于大学橄榄球运动和核战争的,于是我拍摄了一张橄榄球从天而降的照片。我用胶带在球上贴了几道线,这是标准的大学橄榄球风格。

Don DeLillo

Americana

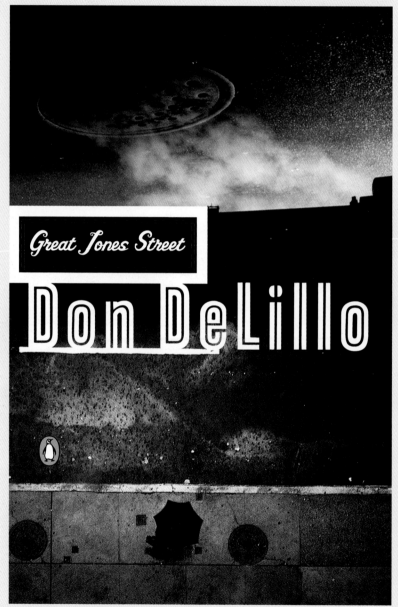

照片提供者：于格·科尔森（上图），汤姆·齐博罗夫（下图）

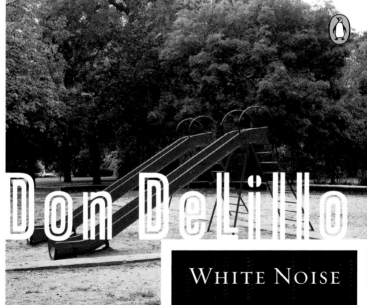

Don DeLillo

WHITE NOISE

照片提供者：杰森·福尔福德

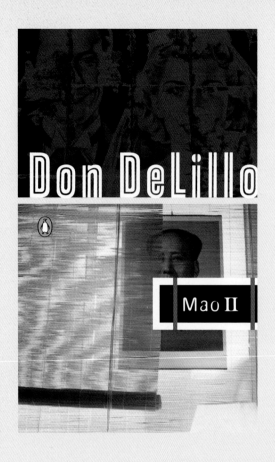

End Zone

#17

《杰拉尔德·达雷尔系列》（再版）

作者：
杰拉尔德·达雷尔

插画师：
米克·威金斯

设计师｜艺术总监：
保罗·巴克利

编辑：
B.W.许布希
凯伦·安德森

保罗·巴克利
设计师｜艺术总监

💬 有一些人和艺术总监合作过很多很多次，这类人很稀有，他们似乎可以把所有事情都处理得很完美。他们是你最得力的助手，聘请他们和你一起工作真是省心省力。对我来说，米克·威金斯就是这样的一个人。我们大概合作过三十本书的封面，从来没出现过一次不愉快。他为我设计的这些达雷尔的封面很快成了同类书籍中的经典，而他为《企鹅经典系列》设计的二十来个斯坦贝克的封面也绝对是惊世骇俗之作。

米克·威金斯
插画家

💬 对这个系列的封面设计，我感到非常自豪，也很欣慰。这些封面有一个问题，就是有点太生动了。达雷尔的回忆录是冷幽默风格，里面各种奇异的动物，在一个私人动物园里疯狂地乱跑。

当书籍主题的内涵极大丰富而生动，就像这些书一样，很难再进行原创性的思考，你会很容易在理念构思上偷懒。

不管怎样，这就是最终成果。往往一件事如果初期做得太多，到后期就很容易让人觉得并没有穷尽各种可能。不知怎的，我觉得有一个难以捉摸却又完美无缺的封面，已经成形，触手可及，只等我去收获，我却莫名其妙地，再一次，错过了它。

"企鹅经典"斯坦贝克作品集

GERALD DURRELL

Birds, Beasts,

and

Relatives

The hilarious sequel to the classic memoir

My Family and Other Animals

GERALD DURRELL

THE
Whispering Land

"An amusing writer who transforms this Argentine backcountry into a particularly inviting place."
—San Francisco Chronicle

By the author of *My Family and Other Animals*

GERALD DURRELL

Menagerie Manor

"Hours of delightful entertainment." —*Book Week*

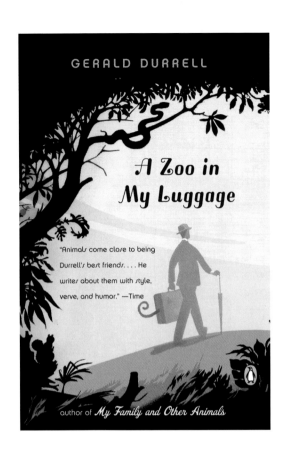

18

《美食、祈祷与恋爱》

作者:
伊丽莎白·吉尔伯特

设计师 | 摄影师:
海伦·叶恩图斯

艺术总监:
保罗·巴克利

编辑:
保罗·斯洛瓦克

PB 最难的往往是如何进行最简单的视觉表达。海伦对这三个词的设计无疑是艰苦卓绝的。简单地说,这幅封面倾注了太多的心血。

海伦·叶恩图斯

设计师 | 摄影师

当然没人知道这本书最终会火成这样。人们谈起过伊丽莎白是位多么出色的作家,以及这本书极具潜力,但是究竟如何,谁猜得到呢?我也可以说,就算有人事先料到,我也不确定我就能设计出这个封面。当我接到这个项目的时候,我不知道我对这本书的感觉是怎样的,但是当我开始读的时候,有太多的感触向我涌来。我听到的是一个完全真挚可爱、聪慧诚实的声音。我爱这本书,这是我当时没想到的。所以后来当我开始着手设计的时候,我真的希望能设计出很特别的东西。关于伊丽莎白小说里那些她去过的地方,我做了很多研究,却找不到一个方式将它们整合起来。老实说,我都不记得我当时是怎么想到这个创意的。起初我做了一个封面,上面的字母是用三维立体的材料做成的。艺术总监保罗·巴克利建议我沿着这个思路做些其他的尝试。我只知道,它最后成了我这辈子完成的最难的封面之一。意大利面和祈祷者的念珠是很难摆放的,但是结果还不错。

而那些花瓣真是一个噩梦。每一个花瓣都要用镊子去布局,而且说真的,难道真的要摆成连笔字体吗?更糟的是,这个封面不得不拍摄了两次,第一次的拍摄效果并不好,可想而知,花蔫了,我不得不重来一遍。最终,无论如何,所有倾注的时间和着了魔似的努力都是值得的。我觉得这幅封面非常适合这本书。

伊丽莎白·吉尔伯特

作者

起初,当人们问我为什么《美食、祈祷与恋爱》会成为一种现象的时候,我都会坦诚地说:"因为封面。"后来我不再这么说了,因为这听起来有点不屑或敷衍,不过我始终这么认为。而且我有证据!有些读者向我坦言,他们因为喜欢封面买了这本书,而且因为喜欢欣赏这封面,还把书摆在家里展示了好几个月。其实我也是,我无法想象这本书换了其他封面会是什么样子。

ELIZABETH GILBERT

Author of *Committed*

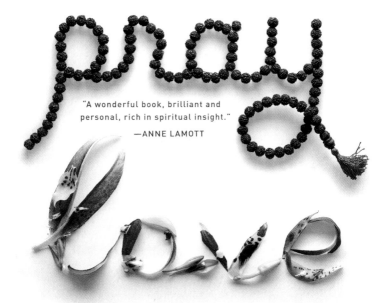

"A wonderful book, brilliant and
personal, rich in spiritual insight."
—ANNE LAMOTT

*One Woman's Search for Everything
Across Italy, India and Indonesia*

19

《贸易中心》

作者:
亚当·约翰逊

插画家:
维克多·科恩

设计师 | 艺术总监:
保罗·巴克利

编辑:
雷·罗伯茨

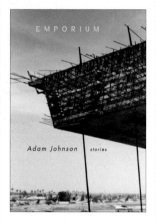

维京精装版封面
设计师: 保罗·巴克利
摄影师: 约翰·K. 翰博尔

亚当·约翰逊
作者

🗨 我超爱保罗·巴克利为《贸易中心》设计的封面:露齿的女孩天真地跳着绳,风吹过她的头发,她穿着校服,甜美地出现在鱼眼镜头画面的中间。然而,她穿了一件防弹背心,这往往是读者后来才注意到的。第一版的封面上是一个 1940 年代装束的男孩,像是《安吉拉的骨灰》中的人物,他站在房顶上,手里拿着狙击步枪。我深深被这个形象吸引,一个永恒经典的学校男孩的形象,令人震惊的是他手持大型步枪。但是这个形象没有呼应这本书的内容。我书中的人物并没有大肆杀戮,他们只是过着正常的生活,愚昧到都没有意识到什么会降临在他们身上。结果就是,他们要么麻痹自己,要么更糟——反应过度,让他们的女儿穿防弹背心。

维克多·科恩
插画家

🗨 那是我第一次见到保罗,就在他的办公室里,我刚刚给他展示了我的作品集,他就立马递给我《贸易中心》的手稿。不用说,我很想把这首次合作的任务做好,但是我没有。我们做了七次草图,都不怎么成功。当我满怀热情开始第八次尝试时,保罗问我:"哥们儿,你是打算当完美主义圣人吗?"于是我才停下来,否则我会一直尝试下去的。尽管我的画没有一幅被用在精装版封面上,但是一年后,我们发现之前被否决的其中一幅很适合放在平装版封面上,而这封面还成为我们的最爱之一。这个世界终究还是公平的。

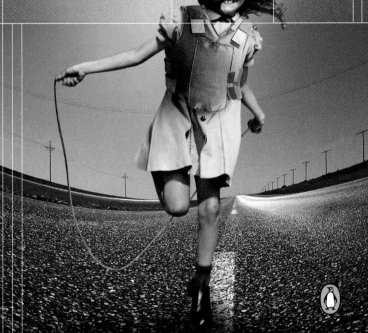

EMPORIUM

"Remarkable." —The New Yorker

Adam Johnson   stories

保罗·巴克利

设计师 | 艺术总监

💬 我是亚当本人和他作品的超级粉丝，同样的，他总是很享受在他的作品和封面中找到乐趣所在。我曾见过许多作者，他们煞费苦心地表现出一种随和的态度，好像在说："我们先来看看你能想出什么样的主意，玩得开心，放手去做吧。"可是当他们看到第一个封面提案时，却又像开闸泄洪一般，慌乱地作出自己的分析。但是当你见到亚当的时候，你会立马感觉到，他真的很想参与到其中寻找乐趣，而且不会将之看得过分认真。所以就他的作品与他合作会产生与众不同的效果。我们确实认真想过采用拿着步枪的男孩那张封面，但是恰恰就在维克多提交作品的那周，发生了致命的校园枪击案，所以那个封面看起来就显得不合时宜。我们的出版人凯瑟琳·科特坚信，这样的封面会失去潜在购买者。我非常喜欢那个封面，但也许凯瑟琳是对的。不过我们也永远不会知道，倘若当时采用了那版封面会怎样。

维克多·科恩设计的几个封面备选图片

#20

《一切都很重要》

作者：
小罗恩·加里

设计师 | 插画师：
伊萨克·托宾

艺术总监：
罗斯安妮·塞拉
保罗·巴克利

编辑：
莫莉·斯特恩

RS 这本书在精装版的设计上很是纠结。书卖得不好，却收到了令人惊喜的读者评价！对于平装版的设计，保罗·巴克利一再说到彗星，所以最终将两个设计结合了。

维京精装版封面
封面原图作者：艾米·班奈特

伊萨克·托宾
设计师 | 插画师

💬 尽管它和我最初的设计有着天壤之别，但我还是很喜欢这个封面。起初我们尝试了许多方案，后来我发现需要结合十几句引语来设计。保罗建议我可以将引语和彗星图案结合，所以最终的版本是一次真正的协作，不过过程很顺利，最终产生了我提交的封面中最棒的一个。

备选封面
设计师：伊萨克·托宾
（火箭发射）摄影师：美国航空航天局
（手）摄影师：托马斯·诺斯库特
（小男孩）摄影师：查德·玛吉亚

小罗恩·加里
作者

💬 我对这本书精装版的第一个封面方案的很多地方都不满意。封面中间一个人物形象，裤子似乎反穿着，大概是想代表小说中的主人公。看着这个封面，我想到的只有"克里斯和克罗斯"组合。这个 1990 年代的说唱二人组，总是玩衣服反穿的把戏，让人不禁想问是谁给他们系上扣子的？他们是怎么上厕所的？这完全不是我脑海中这部小说的样子。我们在精装版的封面上选择了另外一种设计，现在回想起来，那是个不错的封面，却不是最棒的。后来的平装版设计，企鹅图书的设计部门让我看到了一丝完美的呈现。

封面提案，由设计委员会创作
封面原图作者：克里斯·西拉斯·尼尔

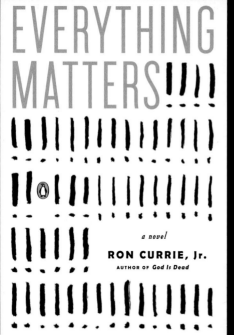

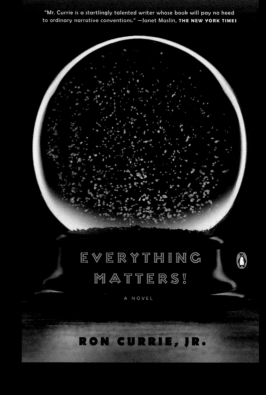

备选封面，设计师：克里斯托弗·谢尔戈

（右上）摄影师：斯蒂文·布隆斯坦 （左下）摄影师：麦克·阿格里奥罗 字体设计：布莱尔·肯锡 （右下）封面原图作者：乔什·凯勒斯

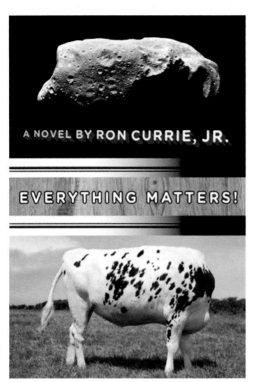

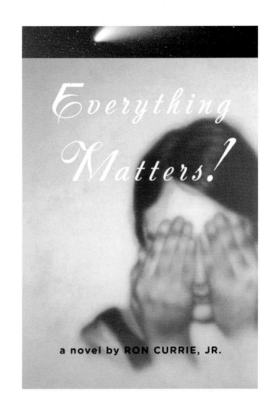

（右上）封面原图作者：研一宏晟
（右下）封面原图作者：艾米·班杰特
（左上）小行星图片提供者：斯托克·特里克·奶牛照片拍摄者：阿什利·禾哈
（左下）封面原图作者：保罗·巴克利

备选封面，封面设计师：保罗·巴克利

21

《第一个字》

作者：
克里斯汀·肯纳利

设计师：
克雷格·莫利卡

插画师：
尼古拉斯·布莱克曼

艺术总监：
保罗·巴克利

编辑：
里克·科特

PB 微妙的东西往往最难得，也最难解释。尼古拉斯非常巧妙地用简单的图像总结了文字性的论述。这种设计会让不熟悉书籍设计的人看了后觉得："这有什么了不起的？我也可以做。"但其实他们做不了。事实上，这个图让人们看上去觉得很简单，恰恰是它的绝妙之处。

克里斯汀·肯纳利
作者

我不知道对于这本书来说，什么样的封面才算是好封面，却知道什么是不好的封面。我对编辑瑞克·考特说："拜托，我们能不能别在上面放只黑猩猩或一张嘴？"一般来说，关于人类进化的书都有一只或者两只大猩猩意味深长地盯着摄像机，而关于语言学的书，封面上通常都有嘴。不是唇色艳丽、难以抗拒的唇，而是普通人的嘴，大张着，嘴唇突出，像是在说话。我尤其抵制这样的封面。不过，当他把这个封面发给我的时候，我想："天啊，我想要买这本书。"所以，当这本书出版之后，有上百个人跟我说：《第一个字》？啊，是啊，我在书店见过这本书，封面很漂亮！"

尼古拉斯·布莱克曼
插画师

这本书最开始的名字是《从尖叫到十四行诗》。我曾试图做出一个设计，结合一些原始的元素（尖叫）和复杂的元素（十四行诗）。因为这本书是讲语言史的，所以我的创作都围绕字体设计进行。从一个粗糙的字体"A"，逐渐变成一个优雅的字体"A"。后来我开始尝试陈词滥调的进化图谱（一条鱼变成一只哺乳动物，然后变成一只猩猩，再变成穴居人，等等），接着我有一个想法，是将一个猴子最后变形成字母"A"。当时我正在飞往日本的漫长旅程中，只完成了一张黑白草图，克雷格·莫利卡却把它变成了一个漂亮的封面。

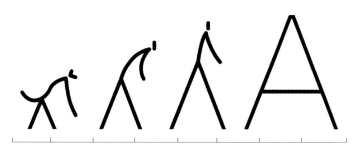

THE FIRST

WORD

The Search for the Origins
of Language

CHRISTINE KENNEALLY

#22

《伊恩·弗莱明系列》（再版）

作者：
伊恩·弗莱明

设计师 | 插画师：
瑞奇·法埃

艺术总监：
罗斯安妮·塞拉

编辑：
里克·科特

RS 跟版权所有人打交道就意味着会有许多限制，而我的工作则是鼓励设计师或插画师去做好自己的工作。邦德的故事都是关于邦女郎、枪支弹药和邦德的。瑞奇非常酷，他接下这个项目并且完成得很好。在加入了很多元素之后，我们完成了这套很有品位的封面。

瑞奇·法埃

设计师 | 插画师

💬 "不要裸女，不要詹姆斯·邦德。"我觉得很困惑。企鹅美国请我来设计伊恩·弗莱明的詹姆斯·邦德系列作品。他们似乎对我的想法很开放，但是伊恩·弗莱明的版权所有人要求不能有裸女，不能有詹姆斯·邦德的形象。《皇家赌场》是个测试，如果我通过了这个测试，那我还可以再设计几本，如果也不错，还可以设计更多，甚至是全部十四本。

我和罗斯安妮讨论了我的草图，挑了其中一幅。我们还选了一个扮演詹姆斯·邦德的模特（也许我在阴影中拍摄，让他的相貌难以辨认，这样版权持有人就不会介意）。我妻子帮我给模特做头发、化妆。在不足三十平米的摄影工作室里，我们为两个人物都拍了照片（维斯帕和詹姆斯·邦德）。我还找来一个朋友扮演大反派，我和我妻子扮演百家乐玩家，拍了张照片。然后我打印，上色，多种排列组合之后交给了罗斯安妮。她建议我

加一些其他元素进去，于是我加了纸牌。这个封面提交给了伊恩·弗莱明的版权所有人。

但是他们不喜欢。

当时有一本刚刚发行的英文版，他们比较喜欢那个封面，我也比较同意他们的看法。那些封面似乎更合适詹姆斯·邦德，照片的拍摄手法娴熟老练，并且是抽象的，而我拍的照片通常品味比较低俗。

我开始想我要怎样重新设计这个封面。但是企鹅方面说，这个封面可以用，只是要把封面上的詹姆斯·邦德去掉。

詹姆斯·邦德最终出现在了某些封面中，但只是在封底上很小的一个形象，或是一只握着沃尔特刑警步枪的手。也出现了一些裸体女郎的。后来，随着封面模特的衣服越穿越多，版权所有人似乎也越来越失望。

现在英国新版的伊恩·弗莱明系列出版了，封面上没有詹姆斯·邦德，只有一大堆裸女。我喜欢。

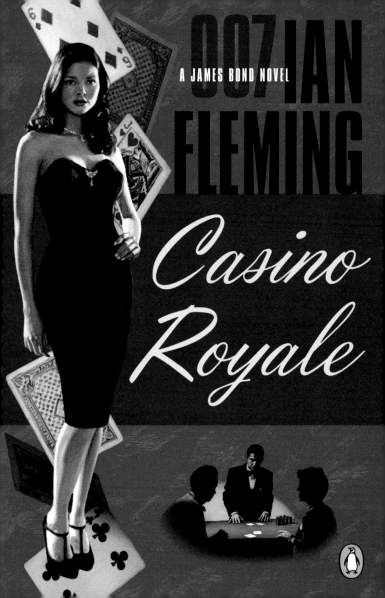

007 IAN FLEMING

A JAMES BOND NOVEL

Casino Royale

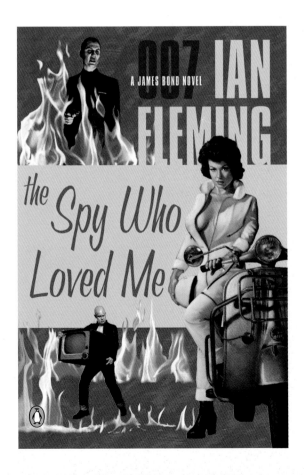

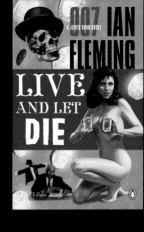

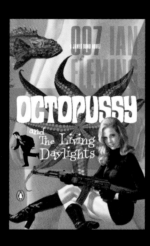

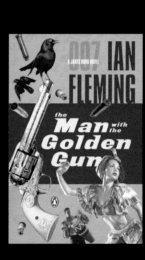

#23

《少女渔猎手册》

作者：
玛丽莎·班克

设计师：
亚历山大·诺尔顿

摄影师：
Photonica 公司

艺术总监：
保罗·巴克利

编辑：
卡罗尔·德桑蒂

PB 帽子和手套是节日里很棒的礼物。更多有参考价值的建议请参照第38页到45页。

亚历山大·诺尔顿
设计师

当时出版商改变了我的精装版封面设计上的字体，我不是很喜欢（下图），于是我要求不要署我的名字。这是我犯过的最大的错误。后来这书成了我参与设计的书中最畅销的一本，现在成了"鸡仔文学"的代名词。我为自己的狂妄自大而懊悔不已。直到后来企鹅出版了这本书的平装版，用了我最初的设计，并在封面上署了我的名字，只是略做了改动：封面由妄自尊大的艾利克斯·诺尔顿设计。

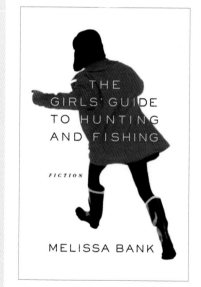

维京精装版封面

玛丽莎·班克
作者

我第一眼就爱上了这个封面。艺术总监说它看起来就像是 J. Crew 的服装目录，即便这样，我依然喜欢它。

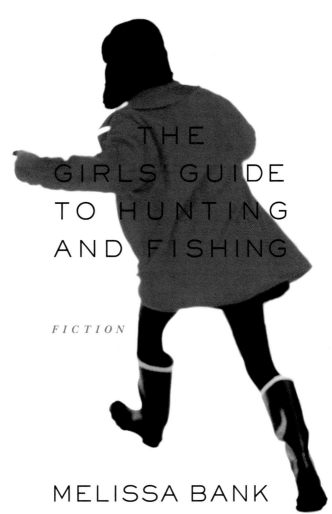

THE GIRLS' GUIDE TO HUNTING AND FISHING

FICTION

MELISSA BANK

#24

《企鹅经典系列》（漫画书衣版）

《憨第德》

作者:
伏尔泰

设计师 | 插画师:
克里斯·韦尔

艺术总监:
海伦·叶恩图斯

编辑:
卡洛琳·怀特

克里斯·韦尔

设计师 | 插画师

💬 卡通画的发展史有点混乱和尴尬。瑞士的教育学家鲁道夫·托普弗发现了一个现象，当他在课程内容中加入一些漫画或者图片故事时，往往能吸引学生的注意力（就像在他上课的时候，有些学生会在自己的课本上涂画的那样），然后他意识到了什么。因此，他在 1831 年画出了第一本真正的漫画书。然后，在他短暂的余生中，他试图摆脱这些东西，坚称自己不是一个漫画家，而是一个严肃的学者。然而，伤害已经形成，为时已晚。

然后，173 年过去了，当海伦·叶恩图斯请我来为企鹅版的《憨第德》设计一个新的封面时，我马上就拒绝了，因为这让我回想起了我在中学七年级的时候，我的英语老师向我们保证这是一本非常有意思的书，而我却在烦躁和恼怒中挣扎着读不下去。但是，我意识到，其实海伦给了我一个难得的机会，让我可以直接与这些正经历着我当年同样烦恼的七年级学生对话。毕竟，《憨第德》讲述的确实是一个令人沮丧和厌恶的故事。试想我们在高中阶段读过的书中，有几本书的主人公是被切掉半个屁股的？后来海伦又提到，在《创意写作天堂》中我设计的 13 号封面可以作为一个样版（这书最近刚刚出版）。综合考虑了所有这些情况后，我决定接手这项工作。我不觉得这是个有趣的工作，因为我需要重读这本书的不同版本以确保我更好地理解它。但是在这个过程中，我意识到，在这本书最初出版时，它对人们的吸引力，很大程度上在于书中故事发生展开和悲剧不断重演的离奇速度（除了决定论、莱布尼茨等哲学性内容）。

封面设计完成的几周之后，海伦打来电话告诉我，很显然企鹅图书的人都非常喜欢这个封面（尤其是保罗·巴克利），而且企鹅决定要采用这种风格做一个全新的经典系列，每本书都要用一个不同的漫画家，估计他们没有一个在上学时好好念书的。想象一下，托普弗现在得多骄傲，当初他教学的一个小工具，现在却滚雪球般形成了一系列成功的受人景仰的文学经典。也的确是"决定论"！

海伦·叶恩图斯

艺术总监

💬 在 1930 年代，洛克威尔·肯特的插画让这本经典名著看起来非常有现代感。我也想让我们的系列有类似的效果。我立刻想到了克里斯，但是他很快拒绝了我。他当时太忙了，而这让我很心碎。但是克里斯隔了一周打电话过来说他一定要做这个设计。他说："我是说，洛克威尔·肯特和我一起！"

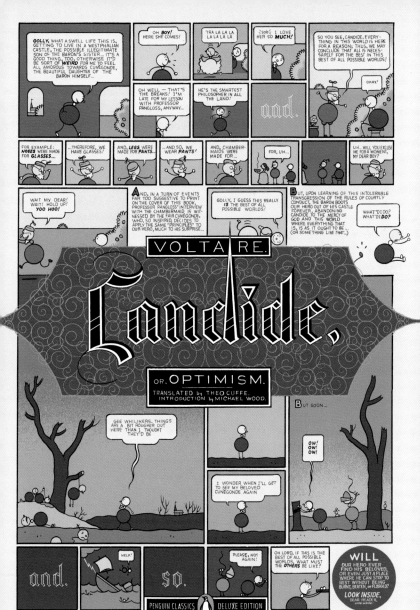

《闺房哲学》

作者:
萨德侯爵

艺术总监:
保罗·巴克利
汤摩尔·哈努卡

插画师:
汤摩尔·哈努卡

艺术总监:
保罗·巴克利

编辑:
迈克尔·米尔曼

保罗·巴克利
设计师 | 艺术总监

🗩 《闺房哲学》这本书已经出了几年，但还是这套系列中我最喜欢的一本。它看起来是如此的粗暴又淫荡，但与此同时又很华丽。尽管我告诉被委托创作这些封面的每一位艺术家"放手去做吧"，但汤摩尔是让我最骄傲的一个。整个作品中让我失望的一点就是，我的联合出版人坚持要去掉马后腿的部分。我至今还记得我们的对话。"哇！这太棒了！但是，保罗，这太恶心了，要把这匹马删掉。""拜托，史蒂芬，这可是萨德侯爵的作品！""我觉得那样已经不错了，开心点吧！"

我是开心，但是这匹马能开心吗？最近都不会那么开心了。

汤摩尔·哈努卡
插画师 | 设计师

🗩 内容有些重口味，却极具革命性。视觉上来看，就是在一个奢华的客厅中有一匹勃起的马。封底的草图上，这匹马和萨德正掐死一个年轻姑娘的图画并排呈现。正封的设计相对明晰，一个淫秽的姿态和半边乳房。这幅草图提交上去，得到了反馈意见：那匹马必须被删掉，但是乳房可以保留。尽管阴茎部分一直被认为是这幅作品创作理念的核心，但是在封面部分保留了半边乳房还是给了插画师一些余地，好歹算是保留了这幅作品的完整性。

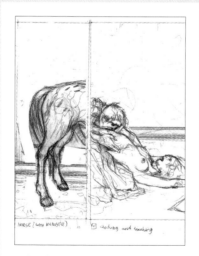

被"阉割"前的设计

《纽约三部曲》

作者：
保罗·奥斯特

设计师 | 插画师：
阿尔特·斯比格尔曼

艺术总监：
保罗·巴克利

编辑：
加里·霍华德
保罗·斯洛瓦克

《坎特伯雷故事集》

作者：
杰弗里·乔叟

设计师 | 插画师：
泰德·斯特恩

艺术总监：
保罗·巴克利

编辑：
艾尔达·鲁特

《屠宰场》

作者：
厄普顿·辛克莱

设计师 | 插画师：
查尔斯·伯恩斯

艺术总监：
保罗·巴克利

编辑：
迈克尔·米尔曼

《安徒生童话》

作者：
汉斯·克里斯蒂安·安徒生

设计师 | 插画师：
安德斯·尼尔森

艺术总监：
海伦·叶恩图斯

编辑：
卡洛琳·怀特

阿尔特·斯比格尔曼
设计师 | 插画师

🗨 我和保罗·奥斯特的友谊将近二十年了，我们有机会合作过几次，最初的一次是 1994 年，我为他的作品《昏头先生》设计封面。而在这次的特辑中，我受邀为《纽约三部曲》设计封面。在这个封面中，我强调了低俗小说都是源于保罗优雅的元小说。多亏了企鹅图书的"能人"，这个三部曲的每一部都带有两张彩页，也就是说，我是拿着一幅封面的酬劳设计出四幅封面的。

泰德·斯特恩
设计师 | 插画师

🗨 我总是渴望能够看到我正在读的东西，也许这就是我爱看漫画书的原因。所以当我读完乔叟的这部作品后，故事中每一个去坎特伯雷朝圣的人物都被他描写得如此鲜活，我就更想看到他们的样子，他们所有人！但是着装是个问题。关于 14 世纪服饰的图片还是很少的，但是，考虑到这个故事如此真实地反映了那个年代，还有一些奇特的视觉创意，我还是决心要体现着装的真实性。最后，我在服饰方面做了些大胆设想，并没有全部按照书中的描写。我希望读者去猜测谁是书中的哪个角色的时候，会觉得很有意思。

安德斯·尼尔森
设计师 | 插画师

🗨 那是我人生中非常沉重的一段时期，我接到电子邮件应邀参与了这个项目。我的首稿就是在医院的候诊室完成的，那时我正在陪我的女朋友等待化疗。而在我提交了终稿之后的几天，她就去世了。某种程度上，这个封面的创作就像是那段无比黑暗的时光里的一束光，让我从痛苦中抽离出来，为此我心存感激。另一方面，这也是我设计的第一本书，第一本用适当的插图设计封面的书。这次的设计我非常重视，因为我是目前为止受邀参与这个项目的设计中最不知名的。我的名字有幸和阿尔特·斯比格尔曼、弗兰克·米勒、切斯特·布朗等艺术家放在一起。这真是一份分量很重的名单啊！有一些是我还是孩子时就崇拜的偶像。在创作这个设计的几个月时间里，我彻底停止了任何正常坐班的工作。这本书是我能想象到的最适合为其配画的书了。

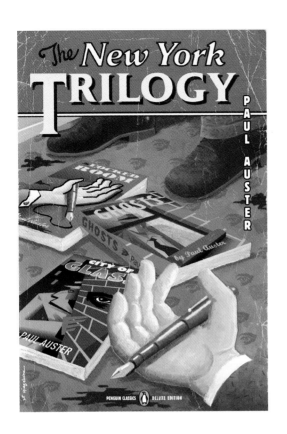

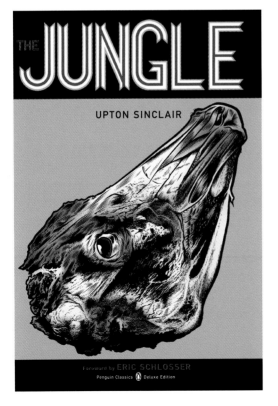

《寒冷舒适的农庄》

作者:
斯黛拉·吉本斯

设计师 | 插画师:
洛兹·查斯特

艺术总监:
海伦·叶恩图斯

编辑:
卡洛琳·怀特

《查泰莱夫人的情人》

作者:
D. H. 劳伦斯

设计师 | 插画师:
切斯特·布朗

艺术总监:
保罗·巴克利

编辑:
迈克尔·米尔曼

《白鲸》

作者:
赫尔曼·梅尔维尔

设计师 | 插画师:
托尼·米伦内尔

艺术总监:
保罗·巴克利

编辑:
艾尔达·鲁特

《三个火枪手》

作者:
大仲马

设计师 | 插画师:
汤姆·高德

艺术总监:
保罗·巴克利

编辑:
艾尔达·鲁特

洛兹·查斯特
设计师 | 插画师

💬 我非常喜欢《寒冷舒适的农庄》这本书,我想用封面设计来表现书中的人物,刻画出他们滑稽又独特的性格,所有的形象在我的脑海中都无比鲜明。

我觉得我在给人物带来"视觉生命"方面是成功的。不过,我总是在书出版之后,已经不能再修改的时候,才发现哪里都不对劲。每次完成一个项目的时候,这种事情都会发生。

我好奇参与这个系列的其他艺术家会不会有同样的问题。我相信是没有的,因为在我看来,这个系列中的其他作品看起来都如此完美。

托尼·米伦内尔
设计师 | 插画师

💬 几年前我意识到,已经年过四十的我却未读过《白鲸》这本书。我读过帕特里克·奥布莱恩的所有作品,还造过一只船模,这样我就能画出一只像模像样的帆船了。于是我静下心来读了这本书。我惊奇地发现这本书非常有趣:"嗯,我会把一只活山羊连毛带角一口吞下肚去。"我集中注意力,读完对鲸鱼和捕鱼船冗长而煽情的描写。但最令我印象深刻的还是散文式的文风:"那星光灿烂、肃穆的夜晚犹如一个个珠光宝气、身穿丝绒衫子的高傲贵妇待在家里,孤零零的却依然不改其傲,怀念着她已经远去从事征战的公侯,那些带着金盔的太阳!"

海伦·叶恩图斯
艺术总监

💬 这个漫画书衣版的经典系列变成了一个非常有趣的项目,保罗我们有机会和一些我们非常喜欢的漫画家合作,为一些很棒的经典书做设计。这简直就是梦幻般的工作。我们实际的工作变成了为每本经典找到最适合的艺术家。关于《寒冷舒适的农庄》这本书,洛兹显然是非常合适的人选。那时她一周会给我打几次电话,读一些她觉得特别滑稽的选段。这仍然是我最喜欢的封面之一。

汤姆·高德
设计师 | 插画师

💬 我最初提交的是一个更加虔诚严肃的粗略构思,描绘的是火枪手在墓地中与士兵交战的场景。我很喜欢这个想法,但是保罗说我应该想一些更有意思的创意,更像是我的风格的作品。于是我把这个工作搁置了一段时间(每次我的创意被否决后,我总要生一阵子闷气),后来我有一个想法,创造出一个达达尼昂某次决斗前的静态场景。我觉得企鹅图书或者译者也许不会同意我把他描绘得这么傻,但是在我心里,达达尼昂就是这样的人物。我很高兴最后这个封面通过了。

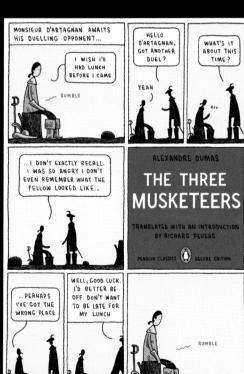

塞斯
设计师 | 插画师

当保罗·巴克利打电话给我，请我为《企鹅经典系列》中的《多萝西·帕克作品集》（便携本）设计封面时，我觉得很荣幸。我一直很爱多萝西·帕克，也觉得自己很适合来做这个封面。但进而我又想到，也许有点过于合适了。人们一直都认为我的画风贴近《纽约客》杂志的漫画风格，通常都会请我为一些机智诙谐或者都市风格的作品配画。也许尝试为不适合我画风的作者设计封面会是个不错的想法。于是我问保罗："我爱多萝西·帕克，也很愿意为她的作品做封面设计，但是还有其他作品选择吗？"停顿片刻，保罗严肃地回答我："就是多萝西·帕克。"然后他又停顿了，于是我快速回答道："多萝西·帕克很适合我，就这么定吧！"

随即，我知道我应该利用书封上不同的部分（封面、书脊、封底和勒口）去表现多萝西的作品和人生。我想要表现出一种明快感，但是又不能丧失她个性中比较深沉的元素。于是我拿出了玛格丽特·迈德为多萝西写的自传《这他妈的是什么？》。我在十多年前读过这本书，然后为了回忆内容，又快速看了一遍。看了这本自传和她的诗，我几乎有了封面设计所需要的所有元素。我希望表现出她辛辣讽刺又博学睿智的个性，与此同时也可以表露出她的痛苦。她那些诗都很短小，真是天赐良机，因为这让我可以在很小的空间里展示整首诗。我

选择在封面上呈现出她的一张很大的面孔，这看起来相当无趣，但是，因为我知道在封底和勒口上会有太多杂乱的视觉体现，因此我必须选择一个强有力且居中的画面以便给整个书封一个焦点。所以，承认吧，对于多萝西·帕克的作品，你当然想在书籍封面的正中央看到多萝西·帕克！

我非常享受这项工作，这对我来说是一个很好的机会，虽然以一种微小的方式，但还是让我得以与一个如此杰出的作家联系在一起。当然，我也很享受沉浸在帕克的作品中，尤其是《高个金发女郎》这部作品，真是一篇短小精悍的杰作。

乔·萨科
设计师 | 插画师

在画《飞越疯人院》的封面时，我必须先把那部电影，尤其是杰克·尼尔克森的脸从我的脑海中清除出去。于是我重温了这本书，真是一次极大的欢愉。而封面设计的方案也随即呈现在我面前了。凯西笔下的主角看起来一点都不像尼尔克森先生。我根据凯西的描写，画出了大下巴、红头发的麦克墨菲。从事这项设计工作，另一件让我觉得很温暖的事情就是，尽管无关紧要，但我的名字和肯·凯西的名字永远地联系在了一起。

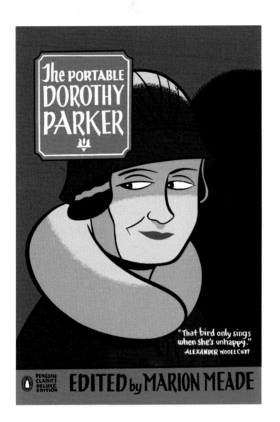

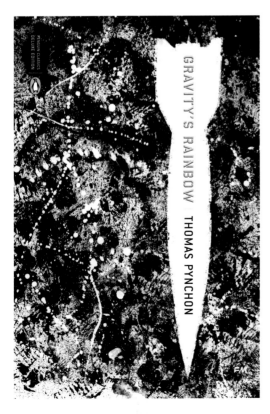

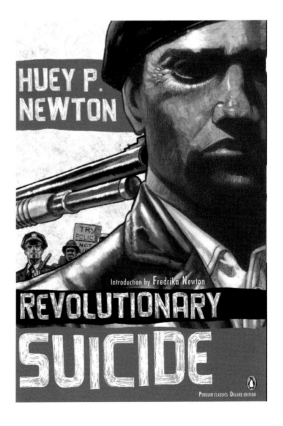

《伊坦·弗洛美》

作者:
伊迪斯·华顿

设计师 | 插画师:
杰弗瑞·布朗

艺术总监:
保罗·巴克利

编辑:
艾尔达·鲁特

《哈克贝利·费恩历险记》

作者:
马克·吐温

插画师:
莉莉·凯利

设计师 | 插画师:
保罗·巴克利

编辑:
艾尔达·鲁特

《达摩流浪者》

作者:
杰克·凯鲁亚克

设计师 | 插画师:
杰森·兰姆比克

艺术总监:
保罗·巴克利

编辑:
麦尔考姆·考莱
保罗·斯洛瓦克

《白噪音》

作者:
唐·德里罗

插画师:
迈克尔·周

设计师 | 艺术总监:
保罗·巴克利

编辑:
伊丽莎白·西弗顿
保罗·斯洛瓦克

莉莉·凯利
插画师

💬 漫画书衣版经典系列在封面设计和表达诠释方面有很多可能性,可以用一些真正古怪又漂亮的表达方式。我觉得设计这个系列中最棒的部分就是对版面没有限制,你可以尽情利用封面、封底、书脊和勒口的每一寸空间。为《哈克贝利·费恩历险记》设计一个新的封面是非常令人激动的,但同时又让人紧张。这些年来,这本书出过很多版本,我看了许多之前的封面,有很多都相当乏味,缺乏新意。

在我最后的设计稿中,我试图用一个明快的形象来表现哈克性格中的狂野、冒险精神、态度和整个故事。在最后的设计中,很多元素都一分为二:封面上的那条水波线将书封的上下部分一分为二;封面是白天而封底是黑夜;还有在前后勒口上所设计的哈克和吉姆隐藏在树丛中的形象,都是这一概念的体现。我希望这个封面可以让人同时感受到它的静谧与喧嚣,就像这个故事本身一样。

杰森·兰姆比克
设计师 | 插画师

💬 啊哈!在艺术学校时我最讨厌这个评述环节。好吧,我来说说。

我不想用条格漫画的方式给《达摩流浪者》设计封面,我更愿意尝试用尽量简洁的一幅图去浓缩这本书的精华,将小说中精神层面的求索和流浪结合在一起。我觉得这应该是最好的视觉表达方式。而小说中的对话最好以条格漫画的形式呈现在勒口上,对话的内容直接从书中引用。

所有的文字都是手写的,主要是因为我没电脑。希望这种字体加上极简的颜色运用,可以给人一种自然、手绘的感觉,让人们体会到小说表现的永恒之感。

迈克尔·周
插画师

💬 《白噪音》是我最喜欢的一本书,所以我非常荣幸能设计这本书的封面。事实上,在接到这个任务电话的时候,我正在读德里罗的《天秤星座》。开始我有点吃惊,因为保罗给了我无限的创作自由,让我随心所欲地去设计(通常设计工作会考虑市场因素的影响)。于是,我投入到创作中,画了一幅自己理想世界中想要看到的封面。

EDITH WHARTON

ETHAN FROME

PENGUIN CLASSICS DELUXE EDITION

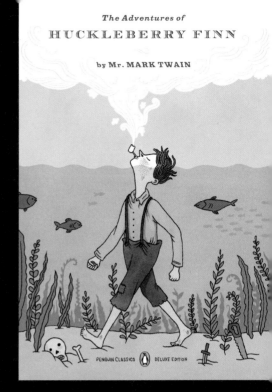

The Adventures of
HUCKLEBERRY FINN

by Mr. MARK TWAIN

PENGUIN CLASSICS DELUXE EDITION

the
DHARMA
BUMS
by
JACK KEROUAC

NIRVANA

introduction by
ANN DOUGLAS

PENGUIN CLASSICS
DELUXE EDITION

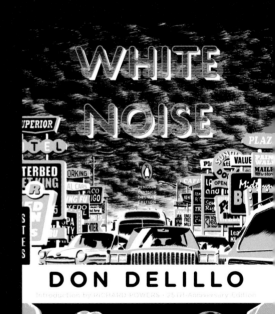

WHITE
NOISE

DON DELILLO

Introduction by RICHARD POWERS · 25th Anniversary Edition

《小妇人》

作者：
路易莎·梅·奥尔柯特

设计师 | 插画师：
朱莉·多赛特

艺术总监：
保罗·巴克利

编辑：
艾尔达·鲁特

保罗·巴克利
艺术总监

▰ 朱莉在这个设计上费了好大的劲。或者更准确地说，其实是我一直很难决断。我一直让她再试试，可她一直回复我说："但是她们多可爱啊！"她给了我一些手稿图，上面画着一些女孩手捧《圣经》，她们彼此正说着一些善意的话语，有好多对话框，里面都是"上帝是仁慈的"之类的话语。

我请朱莉来设计这个作品，是因为……好吧，我宁愿不在这里描述我之前看到的她画的那些作品。去谷歌图片搜索"朱莉·多赛特"（需关闭安全搜索），之后你就会懂我的意思。朱莉的作品非常非常阴暗，我原以为她会把那种风格带入到这部作品。到了截稿的那天，也只能如此了，我们能做的，最多就是在对话中稍稍体现一下男孩们。不过我坚持要这些女孩脸上有很多痘痘，很多很多的痘痘。

朱莉·多赛特
设计师 | 插画师

▰ 作为一个加拿大法语区居民，我从没听说过路易莎·梅·奥尔柯特的《小妇人》。对于它的社会和历史地位，我也完全没有概念。我读了一下这本书，觉得它很无聊，并且我对小说中根深蒂固的清教主义非常愤怒。保罗·巴克利给我的指示是封面设计"大胆些"让它耳目一新，并且看起来有趣。这让我完全困惑了，因为在书中我看不到任何有趣的东西。保罗也不懂我怎么就不明白他想让我表达的东西。可我就是不明白。我确实画了很多张草图，最终选出了一张他满意的。但我还是不理解。几个月后，我偶然看了1949年那部梅尔文·勒罗伊执导的精彩的电影《小妇人》。直到那时，我才真正明白了。

《罗生门》

作者：
芥川龙之介

插画师：
辰巳喜弘

设计师 | 艺术总监：
海伦·叶恩图斯

编辑：
迈克尔·米尔曼

《弗兰肯斯坦》

作者：
玛丽·雪莱

设计师 | 插画师：
丹尼尔·克洛斯

艺术总监：
保罗·巴克利

编辑：
约翰·西西里阿诺

《我们一直住在城堡里》

作者：
雪莉·杰克逊

设计师 | 插画师：
托马斯·奥特

艺术总监：
赫伯·索恩比

编辑：
卡洛琳·怀特

《变形记》

作者：
弗朗茨·卡夫卡

设计师 | 插画师：
萨米·哈克汉姆

艺术总监：
保罗·巴克利

编辑：
约翰·西西里阿诺

辰巳喜弘

插画师

这本书的作者是日本历史上最伟大的作家之一——芥川龙之介。书的导读由当今最知名的日本作家村上春树撰写。而电影版本也是由著名导演黑泽明执导的。

我觉得非常荣幸，但当时企鹅图书邀请我给《罗生门》设计封面时，我也挣扎了一番。

我得知今年（2010 年）是企鹅图书创立 75 周年，而这一年我也恰好 75 岁了。祝企鹅生日快乐！也祝贺我自己！

托马斯·奥特

设计师 | 插画师

我不是那种会满世界找工作的人，所以当企鹅图书联系到我的时候，我感到非常惊讶。

对我来说，尽管生活在现代社会中，美国似乎离瑞士还是很远的。

其他设计师为这个系列所做的漂亮封面给我留下了深刻的印象。我也很高兴有机会成为其中的一员。

所以我欣然同意来做这个项目。我读了雪莉·杰克逊的书，然后试图也做出一个漂亮的书籍封面。

就我个人而言，我现在对这个封面不是非常满意，因为大部分角色看起来都有些呆板。

另外，我还是很好奇，他们是怎么找到我的邮箱地址的。

丹尼尔·克洛斯

设计师 | 插画师

保罗第一次邀请我为这个系列做封面的时候，我本打算先等等，直到我遇见一本真正适合我的书再接手（我当时希望是《蝗虫之日》这本书）。所以大概一年多的时间里，我婉拒了好几本书。那段时间里，我恰巧要去做一个开胸手术，所以当我在名单上看到《弗兰肯斯坦》的时候，我觉得这也许是个选择，当我从麻醉状态中苏醒的时候，也许我会和这本小说有些共鸣。我十几岁的时候曾读过这本书，对书里缺乏惊悚的描写感到失望，但这次重读后，我发现我非常爱它，不是维克多的怪物和他满身疮痍的躯体让我感到共鸣，而是因为我为人父母的亲身感受。这种联系虽然诡异且模糊，但这本书确实捕捉到了那种矛盾的情感，一个人可以对自己创造出的生物同时有着嫌弃反感却温柔相待的情感。

保罗·巴克利

艺术总监

我工作的大部分时间就是去联系我请来的设计师，与他们讨论我对作品吹毛求疵的意见，或者干脆否决他们的成果。但这个系列与之前完全不同，我给了这些有才华的设计师"许可"，让他们尽情去做他们擅长的东西，基本不会干预他们的创作，而最终的结果也证实了这个决定多么英明。

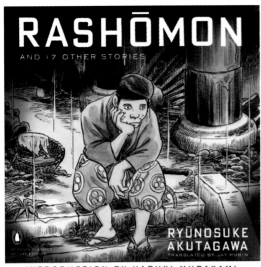

The Adventures of
HUCKLEBERRY FINN

by Mr. MARK TWAIN

by Mr.
MARK
TWAIN

THE ADVENTURES OF
HUCKLEBERRY FINN

WE CATCHED FISH AND TALKED, AND WE
TOOK A SWIM NOW AND THEN TO KEEP
OFF SLEEPINESS. IT WAS KIND OF SOLEMN,
DRIFTING DOWN THE BIG, STILL RIVER,
LAYING ON OUR BACKS LOOKING UP AT THE
STARS, AND WE DIDN'T EVER FEEL LIKE
TALKING LOUD, AND IT WARN'T OFTEN THAT WE
LAUGHED—ONLY A KIND OF LOW CHUCKLE. WE HAD
MIGHTY GOOD WEATHER AS A GENERAL THING, AND
NOTHING EVER HAPPENED TO US AT ALL—
NOT THAT NIGHT, NOR THE NEXT, NOR THE NEXT.

PENGUIN CLASSICS ● DELUXE EDITION

INTRODUCTION BY JOHN SEELYE ● NOTES BY GUY CARDWELL

A PENGUIN BOOK ● LITERATURE ● WWW.PENGUINCLASSICS.COM

U.S. $16.00
CAN. $20.00
U.K. £12.99

ISBN 978-0-14-310564-7

PENGUIN CLASSICS

DELUXE EDITION

106

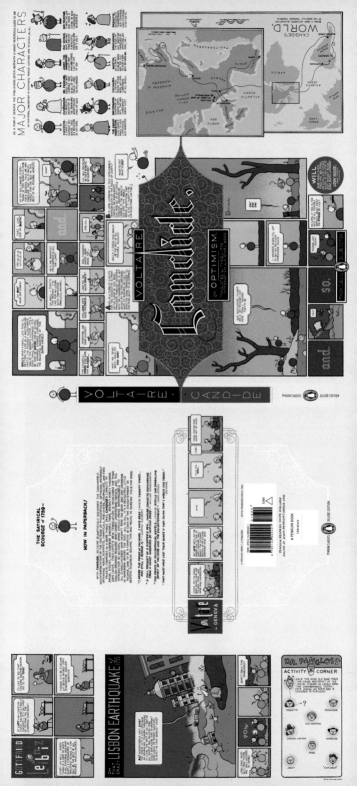

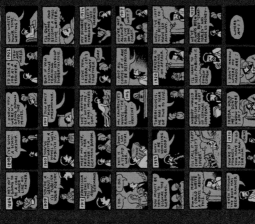

HANS CHRISTIAN ANDERSEN FAIRY TALES

TRANSLATED BY TIINA NUNNALLY
EDITED AND INTRODUCED BY JACKIE WULLSCHLAGER

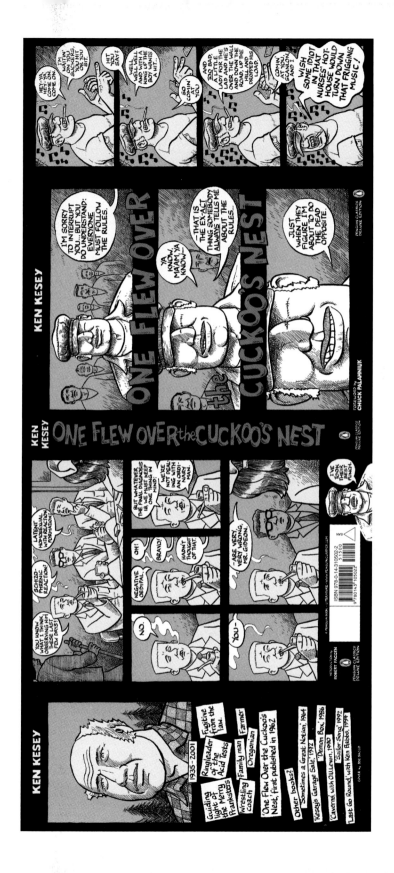

CITY OF GLASS

As a result of a strange phone call in the middle of the night, Quinn, a writer of detective stories, becomes enmeshed in a case more puzzling than any he might have written.

GHOSTS

Blue, a student of Brown, has been hired by White to spy on Black. From a window of a rented room on Orange Street, Blue stalks his subject, who is staring out of his window.

THE LOCKED ROOM

Fanshawe has disappeared, leaving behind his wife and baby and a cache of extraordinary novels, plays, and poems. What happened?

The New York **TRILOGY**

PAUL AUSTER

PENGUIN CLASSICS DELUXE EDITION

THE NEW YORK TRILOGY

PAUL AUSTER

PENGUIN CLASSICS DELUXE EDITION

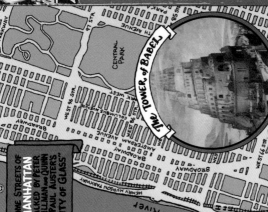

SOME STREETS OF **MANHATTAN** WALKED BY PETER STILLMAN AND QUINN IN PAUL AUSTER'S "CITY OF GLASS"

THE TOWER of BABEL

CENTRAL PARK

97 STR.

85 STR.

CATHEDRAL PARKWAY

WEST 96 STR.

WEST 84 STR.

COLUMBUS AVENUE

AMSTERDAM AVENUE

BROADWAY

WEST 57 STR.

WEST 14 STR.

WEST SIDE HIGHWAY

HENRY HUDSON PARKWAY

Hudson River

SECOND AVENUE

A PENGUIN BOOK   LITERATURE
WWW.PENGUINCLASSICS.COM
ISBN 978-0-14-303983-1

PAUL AUSTER

PAUL AUSTER is the author of *The Brooklyn Follies* and eleven other novels as well as two memoirs, a collection of essays, three screenplays, and a volume of poems. His work has been translated into over thirty languages. He lives in Brooklyn, New York.

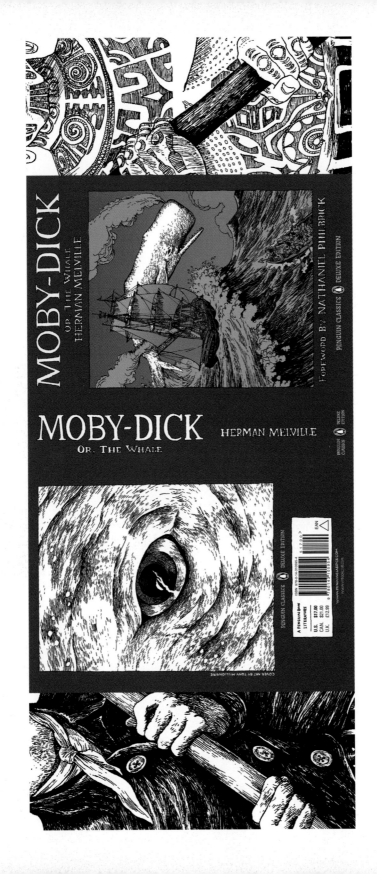

MARQUIS DE SADE

Philosophy in the Boudoir

INTRODUCTION FRANCINE DU PLESSIX GRAY

TRANSLATED BY JOACHIM NEUGROSCHEL

PENGUIN CLASSICS ✦ DELUXE EDITION

MARQUIS DE SADE Philosophy in the Boudoir PENGUIN CLASSICS ✦ DELUXE EDITION

Dialogues Aimed at the Education of Young Ladies:

May every mother get her daughter to read this book....

Marquis de Sade

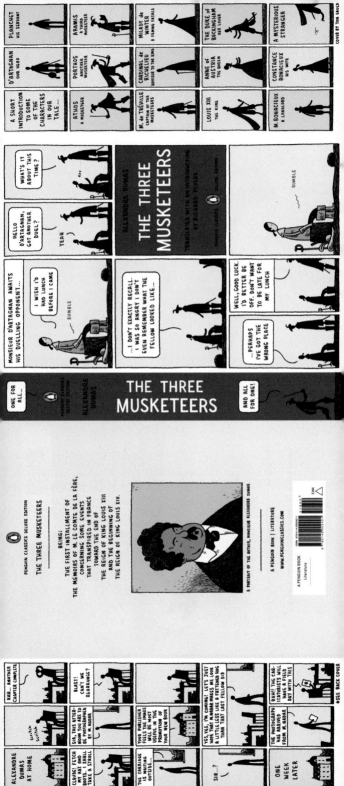

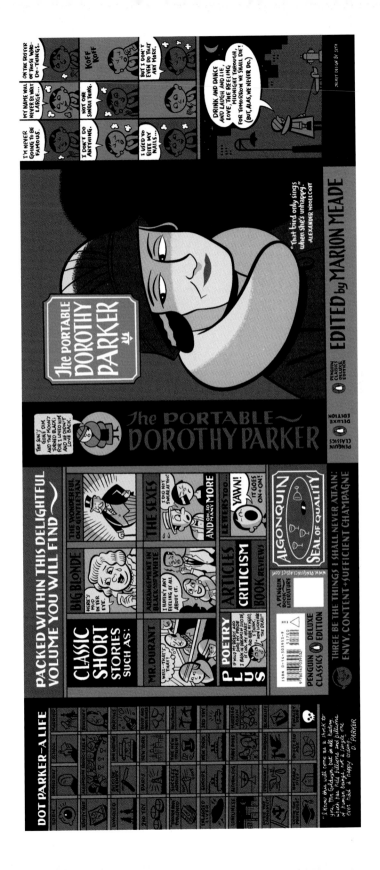

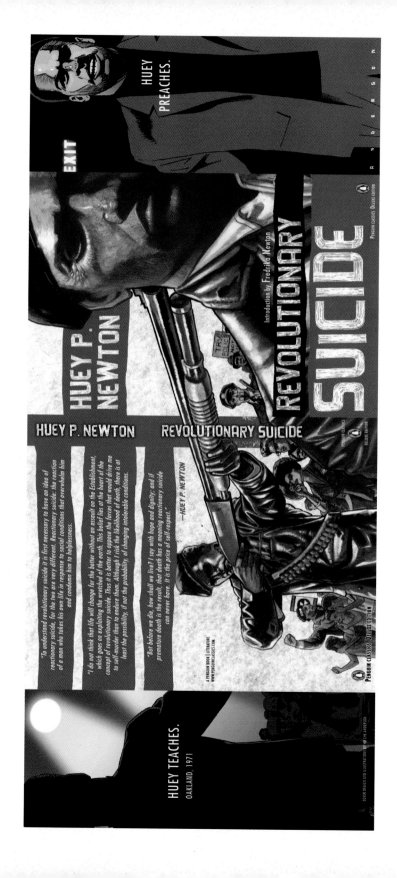

HUEY
PREACHES.

EXIT

HUEY P.
NEWTON

REVOLUTIONARY SUICIDE

Introduction by Fredrika Newton

REVOLUTIONARY SUICIDE

HUEY P. NEWTON

"To understand revolutionary suicide it is first necessary to have an idea of reactionary suicide: for the two are very different. Reactionary suicide: the reaction of a man who takes his own life in response to social conditions that overwhelm him and condemn him to helplessness.

"I do not think that life will change for the better without an assault on the Establishment, which goes on exploiting the wretched of the earth. This belief lies at the heart of the concept of revolutionary suicide. Thus it is better to oppose the forces that would drive me to self-murder than to endure them. Although I risk the likelihood of death, there is at least the possibility, if not the probability, of changing intolerable conditions.

"But before we die, how shall we live? I say with hope and dignity; and if premature death is the result, that death has a meaning reactionary suicide can never have. It is the price of self-respect."

—HUEY P. NEWTON

A PENGUIN BOOK | LITERATURE
WWW.PENGUINCLASSICS.COM

PENGUIN CLASSICS DELUXE EDITION

HUEY TEACHES.
OAKLAND, 1971

COVER DESIGN AND ILLUSTRATIONS BY HO CHE ANDERSON

Cover by Julie Houts.

#25

《格雷厄姆·格林系列》（再版）

作者：
格雷厄姆·格林

设计师 | 艺术总监：
保罗·巴克利

插画师：
布莱恩·克罗宁

编辑：
帕斯科尔·科维奇
迈克尔·米尔曼

保罗·巴克利
设计师 | 艺术总监

💬 我追随插画师的脚步就犹如有些人追随音乐家一样。我从小看插画长大，当我还是个孩子的时候，我父亲下班回来总是把插画年鉴、书籍、他收件箱里的广告给我。他曾是广告业的艺术总监，也是一位很有才华的艺术家，很早就开始培养我对艺术的兴趣。我大学里学的是插画专业，而我的设计师们也都是非常优秀的插画师。所以在我眼中，布莱恩·克罗宁这样的人就犹如摇滚巨星一般。可以打电话给像他这样的人询问是否愿意和我一起合作，这种日子对我来说太享受了。对于这个系列的六本书我得到的回复是："好的，当然！"那真是美妙的一天。

布莱恩的作品看似幼稚，其实不然。因为他只需寥寥几笔就可以表达他想表达的东西，太多的情感蕴含在那些随处可见的古怪又扭曲的线条里。所有的一切他都很好地把控着，尽管看起来并不是那样。

布莱恩·克罗宁
插画师

💬 我记得我当时考虑最多的就是画中的人物穿着问题。在《布莱顿硬糖》这部作品中，我把男主角的衣着画成了"泰迪男孩"（英国 1950 年代很流行的穿着）的风格。我自己也曾经想成为一个泰迪男孩，但是我当时还太小，没赶上那段潮流。1970 年代的时候，我曾是一个朋克少年，也有着类似的愤怒。泰迪男孩总是长着一对大耳朵。

对于《恋情的终结》这本书，我并不想表现出一只裸露的手，因为那看起来太过于直白了。所以我放了一只手套在上面，颇有爱情意味，也预示着有人要离开了。

在《文静的美国人》的封面上，我为书中人物绘制了一身褶皱条纹西装。那是一种非常轻薄凉爽的面料，我猜在 1960 年代的越南，一个美国的官僚应该会穿那样的西装。不过，我不记得我画这些的时候穿着什么衣服了。

GRAHAM GREENE CENTENNIAL 1904–2004

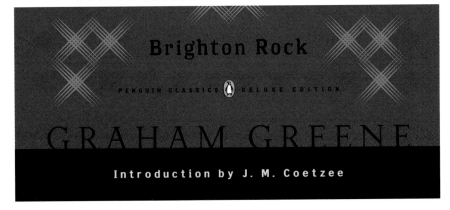

Brighton Rock

PENGUIN CLASSICS DELUXE EDITION

GRAHAM GREENE

Introduction by J. M. Coetzee

GRAHAM GREENE CENTENNIAL 1904–2004

THE END OF THE AFFAIR

PENGUIN CLASSICS (●) DELUXE EDITION

GRAHAM GREENE

Introduction by Michael Gorra

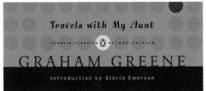

GRAHAM GREENE CENTENNIAL 1904–2004

Travels with My Aunt

PENGUIN CLASSICS DELUXE EDITION

GRAHAM GREENE

Introduction by Gloria Emerson

GRAHAM GREENE CENTENNIAL 1904–2004

Orient Express

PENGUIN CLASSICS DELUXE EDITION

GRAHAM GREENE

Introduction by Christopher Hitchens

GRAHAM GREENE CENTENNIAL 1904–2004

The Heart of the Matter

PENGUIN CLASSICS DELUXE EDITION

GRAHAM GREENE

Introduction by James Wood

GRAHAM GREENE CENTENNIAL 1904–2004

The Quiet American

PENGUIN CLASSICS DELUXE EDITION

GRAHAM GREENE

Introduction by Robert Stone

#26

《幸福》

作者：
理查德·莱亚德

设计师 | 插画师：
杰米·基南

艺术总监：
戴伦·哈格尔

编辑：
斯科特·莫耶斯

 DH 少数几个被通过使用的米黄色平装版封面设计之一。

杰米·基南

设计师 | 插画师

💬 我一直特别喜欢饼状图和表格这些东西，它们总是看起来多姿多彩的，即使是用来展示一些痛苦的数据，比如我们欠了多少钱，或者人类将死于什么疾病。我隐约记得设计这个封面的过程非常直接。我认为最好将书中的科学、经济与情感、情绪很好地结合在一起。作为一个英国人，我们通常以一口烂牙著称，所以能创造出这个国家有史以来最整齐洁白的牙齿的微笑，也是非常不错的。

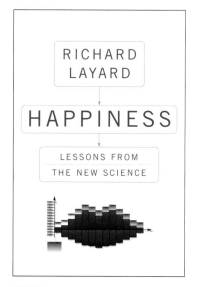

备选封面

HAPPINESS

LESSONS FROM A NEW SCIENCE

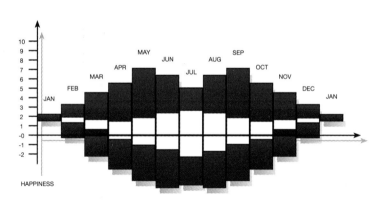

RICHARD LAYARD

27

《智人》

作者：
维克多·佩列文

设计师 | 摄影师：
戴伦·哈格尔

艺术总监：
保罗·巴克利

编辑：
保罗·斯洛瓦克

PB 我一直很嫉妒这个封面的创意。画面简单又疯狂，一只泰迪熊和一只洋娃娃在热情而狂野地做爱。这个封面有很多年了，但是我很确定这不是我的想法，而是戴伦的主意，他应该记得。不管怎样，我都很感谢克莱尔、保罗、凯瑟琳和维克多，感谢他们允许我们把这两个形象放在一起。

戴伦·哈格尔
设计师 | 摄影师

💬 这不是我的主意。我记得最初时，我用插画家马克·莱登的图片做了一些设计，但是保罗不喜欢，他让我继续想一些更疯狂的点子。我做了各种尝试，但还是没什么进展。保罗看见我一直在原地踏步，于是他不得不参与进来。他读了一下这本书的简介，然后立马有了这个让泰迪熊和洋娃娃搞在一起的想法。就这样，这个封面通过了！我太讨厌这种事情了。

维克多·佩列文
作者

💬 我喜欢这张图片。随着时间的推移，它的意义也以一种有趣的方式改变着。十年前我看到这张照片，我想到的是新俄式消费主义梦想。但现在看来，它表达的更多的是"后阿凡达世界"中的投资者情绪，又或者是后投资者世界中的"阿凡达情绪"。我在想，十年后它又会意味着什么呢？

Victor Pelevin Homo Zapiens

"[Pelevin's] best novel ... his hardboiled wonderland of a Moscow sits
well next to Murakami's Tokyo, Cortazar's Paris and Gilliam's Brazil."
—LOS ANGELES TIMES

28

《当你成为一个问题时，你是什么感觉？》

作者：
穆斯塔法·巴尤米

设计师：
乔·格雷

艺术总监：
戴伦·哈格尔

编辑：
瓦妮莎·莫伯雷

DH 这是那些大多数没被通过的米黄色平装版封面设计之一。本来的计划是对精装版封面进行完全的重新设计，但结果都不是很理想。几个月时间，我一直在寻求其他方案，甚至拍了一张照片用作设计素材（我个人非常喜欢）。我觉得后来出版商开始同情我了，于是又回到原来的精装版设计，调整了颜色（换掉了米黄色）。

穆斯塔法·巴尤米
作者

💬 首先，阿拉伯语都是错的。不用说，封面设计我也不喜欢。封面上的字是从左向右读的，但是阿拉伯语是从右往左写的。阿拉伯语是手写字体，看起来就好像所有字母都手拉手站在一起一般连贯，但是封面上的这些字母都互相分开了，就好像孤独的人害怕看到彼此一样。我看了半天才意识到，原来那些字母是用我的母语写的我的书名。书名是逐字翻译的，就跟在一个遥远国度看到的蹩脚英文标志牌一样：请不要离开你的贵重物品无人陪伴。

我请教了我父亲，我们一起修正了阿拉伯语的部分，但是其他的部分还是被保留了下来。对我来说，这封面看起来就像是 1960 年代的一份宣言，而我的书讲的却是被意识形态淹没的真实的人们苦痛挣扎的故事。封面上国旗的意象似乎表现了阿拉伯与美国的对抗，这有悖于我书中表达的复杂性。我觉得我在和这个封面做斗争，最后却输了。

几个月后，我改变了这个想法。一天下午，我受邀参加一个基督教牧师们的座谈，主题为美国歧视问题。

其中一位牧师准备在众人面前做忏悔之前，告诉我她非常喜欢我的书。她说，当她在公共场所读这本书的时候，封面上的阿拉伯语文字让她感觉很紧张。她明白这是不对的，但是只要她在外面读这本书的时候，她都会将封面遮住。她承认，这个封面让她意识到她的恐惧与偏见有多深刻。直到那一刻我才意识到，这个大胆有力的封面完美地映照了这本书的内涵。

乔·格雷
设计师

💬 从一开始，这看起来就是个非常敏感又棘手的项目，直到现在写下这段话我仍深感复杂。你怎样在不冒犯任何人的情况下吸引别人的注意力呢？这个书名很棒，但是仍然需要更加突出。而最好的解决办法似乎就是字体排版的运用。所以在一款免费的网络翻译软件的帮助下，我做出了这个封面。我用了我能想到的最具冒犯性的词语，然后在封面上用阿拉伯语写下来。天才创意，不是吗？

放心啦，企鹅图书，我都找人检查过了。

كيف تشعر و

HOW DOES IT

لديك إحساس

FEEL TO BE

أنك مشكلة

A PROBLEM?

Being Young and Arab in America

MOUSTAFA BAYOUMI

29

《我是如何变蠢的》

作者：
马丁·佩吉

设计师 | 插画师：
乔尔·霍兰德

艺术总监：
保罗·巴克利
杰斯敏·李

编辑：
斯蒂芬·莫里斯

PB 这也是一个很好的机会来展示乔尔最近为马丁的书设计的封面。封面上用了两把被遗弃的酒吧椅，审美上同《我是如何变蠢的》一样，精巧简洁。

乔尔·霍兰德
设计师 | 插画师

💬 这是个多么妄自菲薄的书名啊！每次我大声读的时候，都不禁大笑。

我觉得这本书需要一点学院风。幸运的是，书中那个我很讨厌的主角每天都是相同的书呆子打扮。

我一直在纠结，是不是要在设计中体现出"变蠢"的过程，最终我决定不那样做。我把注意力转向这个人物的手，用手势表达出"这他妈什么东西"的意思，从而讲述这个故事。显然，这是个无头男人。整个设计我最喜欢的部分就是，本应是脖子的地方空空如也。

马丁·佩吉
作者

💬 一个作家的书在国外的封面，往往传达出在那些国家他的作品是如何被阅读和理解的。企鹅为我的这本处女作设计的封面很有趣，这个无头男人看起来既有趣又超现实，同时也传达出了一些悲剧色彩。一个无头的身体永远都不会被忽略。因为我是一名法国作家，可能插画师下意识地就联想到了"断头台"。这是个不错的封面，很好地将幽默和"存在性焦虑"结合了起来。

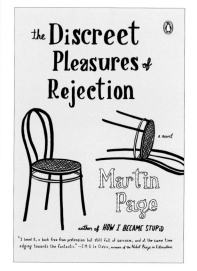

《拒绝的言语艺术》，企鹅出版

International **Cult** Favorite

"A harmonious & surprising mixture of optimism & nihilism."
—*La Vie magazine*

how i became stupid

a novel by
martin page

30

《我爱美元》

作者：
朱文

设计师：
马特·多夫曼

艺术总监：
保罗·巴克利

编辑：
约翰·西西里阿诺

PB 马特非常享受为这本书设计的过程，我也很满意他提交给我的几个设计稿。我的妻子和她的家人，以及我们很多的朋友都来自中国的台湾或大陆，所以我可以直接感受到，她们多么渴望读到优秀的华语小说，但是这样的小说并不容易找。所以我选出了三四个封面，通过电子邮件发给大概十个华裔美国人，最后所有人都选了"有老头的那张"，这就是实际调研的结果！

茱莉亚·洛威尔（蓝诗玲）

译者

🗨 我非常喜欢这个封面。它简约而美观，却似乎抓住了朱文小说中几个最本质的东西：他令人惊叹的、有时可耻的幽默感，以及他对颠覆中国传统又神圣的父子关系的钟爱。英国版用了另一个更有力的画面——一条光怪陆离的中国街景。但我还是更喜欢美国版本的那种简单粗暴。

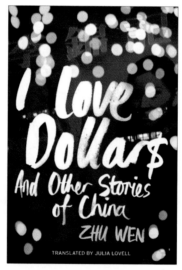

《我爱美元》，企鹅（英国）2008 年出版

马特·多夫曼

设计师

🗨 我对这个封面做的第一轮设计进行了大量多元化的尝试，打算用毛泽东的头像做一些新的设计。考虑到这些年来这个套路已经被其他设计师用滥，保罗很明智地否决了它们，并建议我重新开始设计。在做了十五个样稿之后，最后胜出的那版可谓包含了我的创作能力以及艺术总监和编辑对我的耐心和信任。

不管朱文对他的书的封面看法如何，我都真诚地希望他能体会到没有用毛主席头像是明智的。因为回想起来，那些设计实在是很糟糕。

封面提案

I LOVE

DOLLARS

AND OTHER STORIES OF CHINA

"BRILLIANT . . . FRESH AND VERY FUNNY." —THE SEATTLE TIMES

★ ZHU WEN ★

#31

《在林中》

作者：
塔娜·弗兰奇

设计师 | 插画师：
詹·王

艺术总监：
保罗·巴克利

编辑：
肯德拉·哈伯斯特

PB 每个作者都各不相同，每个代理人都各具特色，每个编辑都独具个性，每个出版商都不尽相同。这些人，或许还有其他更多人，对于一本书的封面如何都有发言权。当然，每本书都是独一无二的。多方意见的分歧通常会导致封面设计的视觉表达变得中规中矩，比如选取故事中的一个场景来设计。这不一定是坏事，只是可能会变得没什么惊喜。这个封面则恰恰相反，它非常富有感染力，看起来异常可爱。更进一步地说，最棒的封面通常看不出视觉上的因果关系。我们常看到唱片有这样的包装，却很少看见书籍这样做的。

塔娜·弗兰奇
译者

💬 《在林中》这本书以前，我从没过多考虑过封面设计，也从没想到过不同国家的读者可能会对封面有不同的期待。但是当我看到这本书封面设计的时候，我首先想到的就是：大西洋彼岸的欧洲的封面和美国的封面竟如此不同，对我来说这个看起来一点都不像书籍封面。它真的是非常美，我可以一直盯着它看几个小时，而且我也愿意以各种形式拥有它——艺术印刷品、海报、T 恤上的印花……但是如果让我孤立地来看这个封面，我永远猜不出这是什么。

我觉得我对它的看法还是那样。首先，作为一个作品，我很喜欢看着它。其次，我才觉得它是个书籍封面。

詹·王
设计师 | 插画师

💬 这本书的设计理念着实困扰了我一段时间。我不得不推翻我一贯的设计思路，拓展新的领域。我最初的构思中没有一个行得通，所以不得不反复地挑选。在经历了令人挫败的一周后，我决定，也许最好先放一放这项工作，然后看看几天后会不会有新的想法产生。接下来的那个周六，当我路过布鲁克林植物园的时候，我无意中看到一些灌木丛被修剪成树木的形状，我马上想到："有了！"瞧瞧，一幅杰作诞生了。

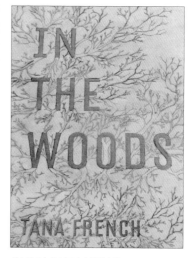

《在林中》的封面方案铅笔素描

IN THE WOODS

"[An] ambitious and
extraordinary first novel . . .
rank it high."
—THE WASHINGTON POST
BOOK WORLD

A NOVEL

TANA FRENCH

author of
THE LIKENESS

#32

《世界尽头的孤岛》

作者：
山姆·泰勒

设计师 | 插画师：
马修·泰勒

艺术总监：
保罗·巴克利

编辑：
亚历克西斯·瓦斯汉姆

PB 这个封面来自《创意杂志》和企鹅图书联合举办的封面设计大赛。当时提交了超过三百幅作品，能看到一本书在视觉上有这么多种解读方式，是一件很酷的事。老实说，我不知道为什么不能每年都举行这样的比赛。

山姆·泰勒这部小说极具冲击力，故事的主人公活在他自己创造的小世界里，与他内心的秘密和外在的环境进行着斗争。马修的封面漂亮地捕捉到了冲突的双重性。

山姆·泰勒
作者

 选中这张封面的过程极其不寻常。《创意杂志》举办了一项国际设计比赛，内容就是设计这本书。也就是说，我不仅能看到最终的获奖作品，还能看到其他百余幅设计。所有的作品都围绕我的书进行创作，浏览它们的过程让我觉得奇特又谦卑，还有点疲惫。我必须承认，第一次看到这幅获奖作品时，我的反应是："这他妈的是什么东西？"它看起来很华丽，很有冲击力，但是和我预期的完全不一样。但是当我看到其他的设计时，我明白了为什么选中这幅作品，恰恰就是因为它并不是对孤岛、方舟和骷髅等主题的恐怖演绎。

马修·泰勒
插画师

 从布莱顿（我住的地方）到伦敦（我工作的地方）的火车要五十分钟，这幅作品就是在火车上完成的。我一手拿着手稿，另一只手随意地在我的本子上画一些不相干的图案。直到有天晚上，我坐下来重新看这些图案的时候，才知道怎样把它们联系在一起。

书稿本身、交稿期限和本能直觉造就了这幅封面设计。我没有时间去过度思考这幅作品。两年过去了，这幅作品仍然是我心中自己的代表作。

亚军作品 1 号，封面设计：皮洛·福特

亚军作品 2 号，封面设计：瑞恩·道吉多夫

SAM TAYLOR

THE ISLAND AT THE END OF THE WORLD

A NOVEL FROM THE AUTHOR OF THE AMNESIAC

#33

《犹太人的弥赛亚》

作者:
阿尔农·格伦伯格

设计师 | 插画师:
克里斯托弗·布兰德（罗德里戈·科拉尔设计工作室）

艺术总监:
戴伦·哈格尔

编辑:
斯科特·莫耶斯
凡妮莎·莫伯利

DH 我希望这是我的设计。

阿尔农·格伦伯格
作者

🗨 在看过美国版的《犹太人的弥赛亚》后，我感受到了小说的主人公哈维尔给他妈妈画肖像时的感觉。他的母亲手里拿着一个罐子，里面装着一颗他在一次意外中失去的睾丸："这幅画蕴含着对历史的讽刺。"

很少有小说和封面能像这部作品一样表达得如此一致，两者都是关于历史讽刺的。

惟一遗憾的是封面上的宣传语。不过正如《犹太人的弥赛亚》中所写的："每个人都会爱上美好的事物，这不奇怪。但是去爱一个禽兽，这是人类真正的挑战。"

克里斯托弗·布兰德
设计师 | 插画师

🗨 少年哈维尔·雷迪克决定皈依犹太教，并为犹太民族奉献终生。在这个过程中，他失去了一颗睾丸，同一位犹太拉比的儿子结婚，搬去以色列追求他的绘画事业，最终却成了现代希特勒。

因故事中多次提及弥赛亚以鹈鹕的形式出现，所以最后我在铁鹰的头上加了个鹈鹕的大鸟嘴。

The Jewish
Messiah
Arnon
Grunberg

#34

《瘾君子》

作者：
威廉·S. 巴勒斯

设计师 | 插画师：
尼尔·鲍威尔

艺术总监：
保罗·巴克利

编辑：
保罗·斯洛瓦克

封面提案，设计师：克雷格·库里克

尼尔·鲍威尔
设计师 | 插画师

💬 我记得刚收到保罗给我的任务时，我既兴奋又害怕。为 20 世纪最重要的文学作品之一设计 50 周年纪念版封面，这样的机会可不常有。我很担心会将任务搞砸，我觉得我从一开始就乱了阵脚。只思考了几分钟之后，我就想出了后来被选中的那幅封面。那是我的第一个想法。我把它画了出来，而且我非常喜欢。充满悲哀与智慧，我觉得这就是书里的情感基调。然后，我很快又否决了它，因为我不相信能完成得这么容易。我把它放在一边，又用了快一周的时间去试图发掘更具冲击力的想法。后来我又想出了一些设计，我还挺喜欢的，但是没有一幅比这个更好。

封面提案，设计师 | 插画师：尼尔·鲍威尔

保罗·巴克利
艺术总监

💬 我觉得这是个好机会，来说一说书籍封面设计的主观性。

我非常喜欢尼尔·鲍威尔为《瘾君子》设计的封面。威廉·S. 巴勒斯的《同性恋者》最近迎来了出版 20 周年，我把这本书交给克雷格·库里克去设计，因为我觉得他的设计也许会与这个风格相似，但是又有略微的审美差异。我认为他完成得非常漂亮。企鹅团队真的非常喜欢库里克的设计，于是很激动地把它发给了之前审核通过《瘾君子》封面的同样几个人。

尽管他们觉得作为一幅艺术作品，它非常优秀，但是作为一个封面设计，他们还是否决了它。紧接着他们还否决了库里克的其他三个封面提案。一个作者可能偶尔难以取悦，但两个甚至更多的人通常就是个非常重大的挑战。

我想这也说明了艺术方向本身也有主观性。不过，在了解了尼尔·鲍威尔为《瘾君子》设计了如此优秀的封面后，我一直不知道我为什么没有直接把《同性恋者》也交给他设计。也许还有时间看看他是否感兴趣。

最新进展：尼尔为《同性恋者》设计了一张封面，同样是非常漂亮的作品，但也被他们否决了！期待后续……

JUNKY

EDITED WITH AN INTRODUCTION BY OLIVER HARRIS

WILLIAM S. BURROUGHS

50TH ANNIVERSARY DEFINITIVE EDITION

#35

《杰克·凯鲁亚克典藏系列》

《杰克·凯鲁亚克俳句集》

作者：
杰克·凯鲁亚克

设计师：
杰西·马利诺夫·雷耶斯

插画师：
里卡多·维奇奥

艺术总监：
保罗·巴克利

编辑：
保罗·斯洛瓦克

PB 随着出版业一些分支在慢慢向数字化领域发展，很多人开始考虑如何让一些书变得更"礼品化"，用精致的制作水准去抓住特定的读者群——也就是那些对实体书感兴趣的读者。对于设计师来说，这是一个好消息，因为我们一直都在琢磨怎么才能说服别人花大价钱购买我们做出的书籍。有一些书确实拥有一些说不清的特质，可以让你拿着它的时候就觉得它与众不同的地方，想要拥有它。当你在这页看到它们的时候，也许感受不到，但是我办公室的这三本书，就犹如三颗小宝石一样，总是被人惦记。

里卡多·维奇奥
插画师

这幅肖像画的创作还是很容易的。完成前我大概修改了六到七个版本。其中最难的部分是凯鲁亚克的穿着。最后，我选择了一件经典剪裁的衬衫，在配色方面下了些工夫。我在想他是不是愿意穿一件这样的衬衫。

有时候，过度的艺术执导和修正会失去绝佳的作品，但是这幅作品进行得十分顺利。我非常喜欢这本书的字体、设计和装帧形式（虽然后来重新审视这幅画时，我希望我当时能画得更简洁利落些）。

肖像画的筛选过程就像是在面试一群长得很像的人。我总是画很多幅草图，每幅看起来都很像，但是又不尽相同。当画得最好的作品总是和原物最不像的时候，让人很有挫败感。通过反复试验，我从每一幅草图中吸取精华，完成了最后的版本。

我们对一个人的印象，常常来自一些著名的照片，尤其是像凯鲁亚克这样一个已故的标志性作家。为了创作一张新颖的人物肖像，避免与那些知名照片相同或相似，我通常会用一些不同角度或不同时期的照片作为参考。显然，我是想画一幅凯鲁亚克的肖像，既在容貌上相像，又能传达出精神层面的韵味。我也希望这幅画的真实性和相似性可以给人一种错觉，好像作者自己来到我的画室，为他的《杰克·凯鲁亚克俳句集》做封面模特。

封面习作

JACK KEROUAC

BOOK OF HAIKUS

EDITED AND WITH AN INTRODUCTION BY
REGINA WEINREICH

PENGUIN POETS

《素描之书》

作者：
杰克·凯鲁亚克

导读 | 插画师：
乔治·康多

设计师：
杰西·马利诺夫·雷耶斯

艺术总监：
保罗·巴克利

编辑：
保罗·斯洛瓦克

《苏醒》

作者：
杰克·凯鲁亚克

设计师：
克雷格·库里克

艺术总监：
保罗·巴克利

编辑：
保罗·斯洛瓦克

杰西·马利诺夫·雷耶斯
设计师

🗨 《素描之书》里有一篇由乔治·康多撰写的导读，他在凯鲁亚克最后的日子里与他相识。康多想为凯鲁亚克的书设计封面，编辑同意了，这倒没什么问题。康多是当代一位非常重要的艺术家，但是他却不能按时交稿，也不接受修改意见，或者将注意力放在我们的要求上——呼应凯鲁亚克的上一本书《杰克·凯鲁亚克俳句集》。

康多的创作看起来非常发散，像是写生风格的传记蒙太奇，和字体排版配合得非常好。但是康多非常生气，他反对自己的作品被字体"遮住"，也反对史蒂文·凯罗在封底上设计的"劣质"装饰底纹。

乔治·康多
导读作者 | 插画师

🗨 起初，我收集了一些凯鲁亚克的照片进行临摹。我用随意画出的一些我能记起的诗歌中的事物，将它们与临摹画拼接在一起，创作出一幅捕捉到了杰克精神的作品，递交了上去。但艺术部门的某个人莫名其妙地"延伸"了我的作品，而且毁了封底的设计！如果他们只用这幅作品贯穿整个书的护封，让它看起来像个素描本，那样我会更喜欢。

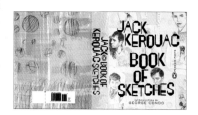

《素描之书》的整体封面，包括凯罗的封底设计

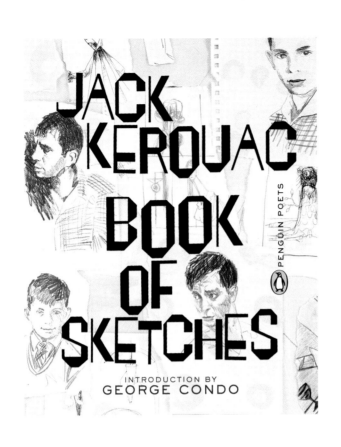

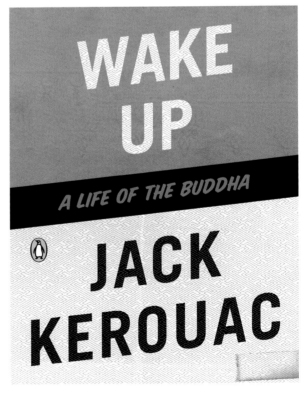

#36

《死亡之吻》

作者：
穆罕默德·穆拉特·索梅尔

插画师：
汤摩尔·哈努卡

设计师 | 艺术总监：
罗斯安妮·塞拉

编辑：
亚历克西斯·瓦斯汉姆

RS 他们告诉我想在封面上将书中的土耳其异装癖夜店老板画成奥黛丽·赫本的样子。当我拿到草图时，他们又说把他画成粉色可能会冒犯一些同性恋者。这些评论总是让我很抓狂！为什么非要出版这本书？最后，粉色赢了。

汤摩尔·哈努卡
插画师

💬 画插画就像是表演。你需要投注一些真情实感，让它看起来更生动，否则会让人感觉那只是图画而已。所以，你得试图让小说的主人公在你脑海中变得具体。让我们看看：你是一个身材苗条的土耳其男子，是个计算机天才兼私家侦探，跆拳道黑带，并且长得像奥黛丽·赫本。但所有特质中最显著的，你是一个异装癖。你坐在自己的夜店里，等待着轻柔地打谁两下，或是给谁一个疯狂热吻。无论哪一种，都是放肆的举动。然后顿悟到：肩膀上体现出了力量与性感的有力结合。那是一双纤细、漂亮、骨感却有肌肉的肩膀。一张漂亮脸蛋就长在这副绝佳的肩膀上。

穆罕默德·穆拉特·索梅尔
作者

💬 迄今为止，我的小说在世界各地出版的各个版本的封面中，这个在我心中意义非凡。第一次，小说中的业余侦探以奥黛丽·赫本的样子出现在封面上。他穿戴着奥黛丽·赫本在电影《蒂芙尼的早餐》中标志性的衣着和珍珠耳环、珍珠项链，很迷人，也很惊艳。为了增添小说中伊斯坦布尔的元素，封面背景加入了一些著名的清真寺的轮廓，真是妙极了！作为一个作者，还能要求什么？

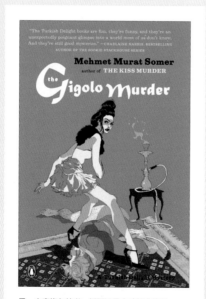

另一本索梅尔的书，插画还是由哈努克绘制。

A Turkish Delight Mystery by Mehmet Murat Somer

THE KISS MURDER

"The Turkish Delight books are fun, they're funny, and they're an unexpectedly poignant glimpse into a world most of us don't know. And they're still good mysteries."

—CHARLAINE HARRIS

#37

《丹尼尔·拉汀斯基系列》

作者：
丹尼尔·拉汀斯基

设计师：
英素·刘

艺术总监：
保罗·巴克利

编辑：
卡洛琳·卡尔森

英素·刘
设计师

🗨 我那时刚刚为另一家出版社完成了一幅中东题材的作品，所以刚刚做过很多艺术研究。对我来说，他们最突出的特点就是设计大胆、色彩丰富，还有就是来自当地文字和纺织品的华丽花纹。因为这部作品是由一个西方学者翻译，大部分书也卖给西方人，所以我决定用一些西方的元素将其过分华丽的审美风格调和一下，试着创造出一个东西合璧的作品。我不是中东人，所以我认为保持简约应该是个聪明的选择。更何况这个系列中的第一本是关于俳句诗的书，它差不多设定了这整个系列封面的风格——简洁而高雅。

而成品书运用了精致的击凸工艺，有纹理的非涂布纸，品质非常好，将这个封面设计提升了一个层次，让它成为一本拿在手上极其有质感的书。有时候，仅仅是有时候，嫁给你的艺术总监的确会让你受益不少。不过，不推荐这样。

丹尼尔·拉汀斯基
作者

🗨 好吧，关于企鹅为我的书设计的封面？我要怎样诚实地说出我的真实感受，以及过程中的小争执呢？我很高兴看到这一切，看到这些封面和我的书。我非常感谢他们作出的所有真诚的努力。我能写出一些长销书，这看起来像一个疯狂的奇迹。不过我猜上帝知道自己在干什么。

A YEAR WITH

HAFIZ

DAILY
CONTEMPLATIONS

DANIEL LADINSKY

Author of THE GIFT and LOVE POEMS FROM GOD

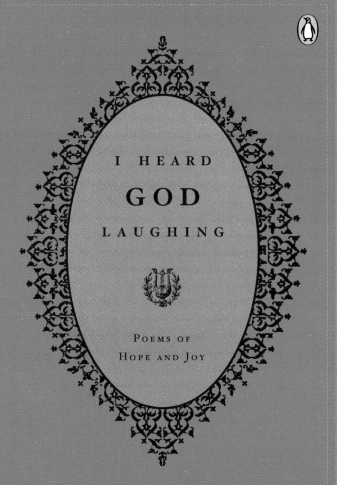

I HEARD
GOD
LAUGHING

POEMS OF
HOPE AND JOY

RENDERINGS OF **HAFIZ** BY

DANIEL LADINSKY

TRANSLATOR OF THE GIFT AND THE SUBJECT TONIGHT IS LOVE

THE
GIFT

POEMS BY

HAFIZ
THE GREAT SUFI MASTER

TRANSLATIONS BY DANIEL LADINSKY

"These translations should do for that great glorious mystic Hafiz what
Coleman Barks' translations have done for Rumi. Seekers on all paths
will benefit from the radiance they emit."
—Andrew Harvey

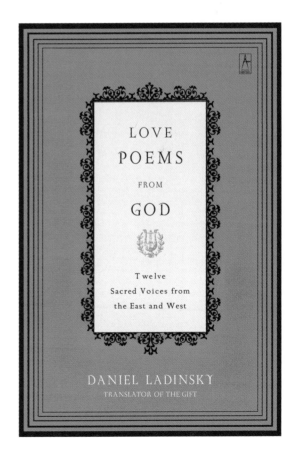

LOVE
POEMS
FROM
GOD

Twelve
Sacred Voices from
the East and West

DANIEL LADINSKY
TRANSLATOR OF THE GIFT

38

《灯箱》

作者:
肖恩·琼斯

插画师:
肯·嘉都诺

设计师 | 艺术总监:
保罗·巴克利

编辑:
汤姆·罗伯格

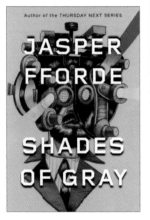

《格瑞的阴影》，被否决的维京精装版封面设计

肖恩·琼斯
作者

💬 在我看到最终封面前，我曾做过一个噩梦，梦见他们用了平面艺术家托马斯·金凯德画的冬景。我现在对书名的字体还是有点不太确定。一开始我就觉得有点幼稚，但我最终还是同意了。一位读者指出，她无论如何也不会想到会在封面上重点展示戴鸟脸面具的男人，但是这个设计很好地捕捉和唤起了这本书诡异的气氛。

肯·嘉都诺
插画师

💬 保罗最初有一个想法，在封面上画一些赤裸的婴儿，列队向前展示生殖器。这其实是书中的一个场景，他觉得这很大胆。我说我对此感到有点别扭，但是我愿意试试。除了他最初的这个想法，我还画了一些其他的图。很幸运，我最喜欢的那张被选中了。在我读完这本书后，那些穿着防水风衣，头戴大礼帽，面戴鸟脸面具的人物形象就深深地烙印在我的脑海里。

我从保罗那得到了一些指导，但是他非常信任我做的工作。我很自如地完成了这个设计，就像是创作我的个人作品一样。

保罗·巴克利
设计师 | 艺术总监

💬 我爱肯·嘉都诺的这幅作品。他的作品非常特别，我差一点就把他的另一幅作品用在英国作家贾斯帕·福德的《格雷的阴影》上。我非常喜欢那本书，就像喜欢《灯箱》一样。我之所以说"差一点"，是因为尽管贾斯帕欣然同意了，但是它被出版社内部否决了。所以当《灯箱》这本独一无二的书出来时，我觉得我要和肯合作去做点什么了。当然，在婴儿那个创意上他是个胆小鬼！不过，我的同事们对那幅作品也觉得很不舒服。拜托！裸体婴儿？有什么问题吗？它一定能在书店里抓住你的眼球。

当大部分设计师感叹自己的"宝贝"不得不接受"审核通过"时，我却认为，有时审核的流程对我而言是件好事。

《灯箱》被否决的素描

"Resplendent, and somehow nearly edible,
Shane Jones has written the kind of novel that makes
you reconsider the word *perfect*."
—Rivka Galchen, author of *Atmospheric Disturbances*

Light Boxes

a novel by Shane Jones

#39

《房客莎士比亚》

作者：
查尔斯·尼科尔

设计师 | 插画师：
乔·格雷

艺术总监：
罗斯安妮·塞拉

编辑：
卡洛琳·卡尔森

乔·格雷
设计师 | 插画师

🖢 莎士比亚有点低调，不太愿意抛头露面。他似乎只有一两张公开图片，而且被很多书籍封面用得泛滥了。企鹅想要一点特别且古怪的设计，试图让它的风格不再随大流。我很喜欢迷宫似的布局，好像老式房屋外表的木格结构图案，这样将封面分割的方式很有意思。

莎士比亚的原始故居位于银街，现在已经没有了，取而代之的是一个极普通的地下停车场。于历史而言，这确是一件憾事。但对我来说是个好消息，让我能够自己设计出适合书名字体的房子。最初我尝试了一个近景效果，但是它看起来好像一本关于画家蒙德里安的烂书。于是我把视角向后拉了一点，以展现出整栋房子。封面上的字是从一本古老的雕刻书上找到的。

查尔斯·尼科尔
作者

🖢 这个封面设计得很巧妙，并且容易产生共鸣。它用很巧妙的方式设计了一栋高耸的、看起来有点摇摇欲坠的詹姆斯一世时代结构风格的房子。我非常欣赏艺术家用这样的方式表达了文中的一个关键意象——莎士比亚在寄宿公寓里创作，楼上的窗户亮着灯。当然，睿智（好）与古怪（显然不是太好）之间的界线并不是非常明显。当我第一次看到这个设计的时候，我觉得它太滑稽了。我当时想，他们想把它做成作家比尔·布莱森的风格（他刚刚出了一本关于莎士比亚的书）。不过总体而言，我觉得这幅作品很漂亮。

the Lodger Shakespeare

By the author of
Leonardo Da Vinci

Charles Nicholl

根据维京京精装版修改的封面

40

《伦敦斯坦尼》

作者:
高塔姆·马卡尼

设计师 | 插画师:
乔·格雷

艺术总监:
戴伦·哈格尔

编辑:
伊涅戈·托马斯

DH 这个设计在精装版封面审核中没有通过，而作为平装版封面却通过了。当你觉得很强的东西得到第二次机会时，这感觉很好。这个比我设计的精装版封面好看多了。

高塔姆·马卡尼
作者

涂鸦，是摧毁一个不接受你的组织或环境，然后夺取那里所有权的一种方式。俚语则和语言一样。在这个经典的企鹅平装书封面上，圆珠笔涂出的爆炸式涂鸦完美地诠释了小说中的人物如何用自己的符号标刻出自己领地。这个封面设计得非常巧妙，因为它延展出了比叛逆更深远的意义。印刷的涂鸦揭露出了这种语言和身份本质上的虚假。红色和蓝色表现出的似乎是一种南亚的亚文化，但其实非常英国化，就像朋克摇滚一样，而零散的星星则揭示了美国文化的影响。

乔·格雷
设计师 | 插画师

这是一本描写生活在英国的巴基斯坦人社群的书。它讲述了帮派和他们在这个城市中心成长的故事。我想要画得粗犷而富有都市风情，但是依旧明亮且易于理解。所以我还是用老方法，一个屡试不爽的公式:英国(红白蓝) + 城市(涂鸦) = 一部刚毅的伦敦街区小说，并且适合所有家庭! 接着我在已有的字体上画上这个作为一种强调，以便读者能有机会注意到书名。隐藏在涂鸦中的还有一些粗鲁的字眼和艺术总监的家庭电话号码。

GAUTAM MALKANI

LONDONSTANI

A NOVEL

"Artful, thought-provoking and strikingly inventive."
—*Los Angeles Times*

41

《爱我》

作者：
加里森·凯勒

设计师｜插画师：
杰米·基南

艺术总监：
罗斯安妮·塞拉

编辑：
莫莉·斯特恩

杰米·基南
设计师｜插画师

🏴 我花了很长时间，试图用不同的纽约摩天大楼的照片将我的想法表现出来。但每个大楼的视角都略有不同，想把它们放在一起简直是噩梦，看起来糟糕透了。然后我注意到了最初那张草稿。第一稿总是最好的。

加里森·凯勒
作者

🏴 设计师显然是太紧张了，才做出了这样的失败之作。《爱我》是一部喜剧小说，主人公拉里只身来到纽约，实现了他的大梦想——在《纽约客》工作。后来他一时冲动，在阿尔冈昆酒店的橡树屋里，开枪打了出版商。后来他回到了圣保罗，回到他挚爱的妻子艾瑞斯身边。这个封面完全没有体现出这些内容。第一眼看到这个封面时，我以为那是贮木场堆积的橡木支架，或是什么关于棺材的噩梦，或是小孩子想象中华盛顿杜邦环岛的俯瞰图，又或是乐高乐园发生了爆炸，总之就是完全没有表达出书的内容。也许这是企鹅版卡夫卡的《审判》的封面，但是卡夫卡不喜欢，所以他们塞给我了。这时候我们就要安慰自己，知足吧，它本来还可能更差，可能是一幅果蝠倒挂在光秃的枝节上的图画，或者是一张溃烂褥疮的彩色照片。我没有恶意，尽管《爱我》在亚马逊网站的小说类图书中仅仅排到了第234851位，并且迅速减价以59美分的价格卖了上千本，剩下的都被送进了回收厂。我还留了一本，而且很喜欢读。这是一本很有意思的书，尽管你从封面上看不出这一点。

GARRISON
KEILLOR

LOVE ME

A NOVEL

42

《如法炮制》

作者：
佩妮洛普·莱弗利

设计师：
海伦·叶恩图斯

艺术总监：
保罗·巴克利

编辑：
卡洛尔·德桑蒂

海伦·叶恩图斯
设计师

💬 这是我设计的第一批小说封面中的一张。我当时既激动又紧张，紧张得过了头，所以提交了好多方案。当然，如果你提交了太多方案，你就会面临一种风险，他们选中的可能并不是你最喜欢的。（我在此明白了一件事，除非万不得已，永远不要提交自己不喜欢的封面。）果然，他们选中了我觉得最差的那张封面。更糟的是，他们告诉我，他们其实喜欢所有的封面，也就是说如果我没有因为紧张而把最差的那张放进去，他们极有可能选中我喜欢的那张。幸运的是一位同事注意到，中选封面上的照片曾出现在另一本书上，她在书店看到过那本书。她真是救了我。最终，我最喜欢的封面获得了通过，就是你们现在看到的这幅。如果不是那个巧合，世上不过又多了一张平庸的封面。

佩妮洛普·莱弗利
作者

💬 第一眼看到一本新书的封面设计时，我总是既兴奋又惊讶。"啊！原来他们是这样理解这本书的！"我对这个封面的第一印象是"奇怪，照片中的女孩看起来有点像很久以前的我"，当然她不是我。剪裁的裙子让我想起自己小时候常干的事——我常常画一个娃娃，然后为它做一条纸裙子，还带着标签。我认为这幅画面有着象征的意义，它暗示了本书的主题：如果命运改变，一个人完全有可能拥有另一种人生。干得漂亮！我觉得这是一个很迷人的封面，你可能会想知道这本书讲的是什么。

MAKING IT UP

Penelope Lively

fiction

#43

《探案手册》

作者：
杰迪戴亚·巴里

设计师：
泰尔·格雷茨基

摄影师：
吉姆·祖克曼（街道）
Getty Images 图库（骑自行车的人）

艺术总监：
戴伦·哈格尔

编辑：
埃蒙·道兰

DH 我一直纠结于精装版封面的设计，纠结得过了期限，只好使用了英国版的封面。我以为泰尔在设计平装版封面时也会如此，但是他似乎一夜之间就完成了。泰尔很擅长从旧物中创造新的艺术。他用他那五百万像素的旧相机拍下照片，将其与图片库中的旧照片混搭在一起。

泰尔·格雷茨基
设计师

💬 那对我来说是幸运的一天。那天早上，我在地铁上读了小说的第一句话："查尔斯·昂温……每天骑自行车去上班，风雨无阻。"那天晚些时候，我从保罗·巴克利那儿借了《书海漫游》这本书，从中找到了一张旧插图，图上一个老人骑着一辆能飞的自行车。我当时在为另一个项目研究1920年代的字体风格，却无意间找到了一种非常适合这本书的字体。由于这些幸运的偶然，我用两天时间就完成了设计。

《探案手册》封面的灵感来自1870年出版的《月球旅行》一书。

杰迪戴亚·巴里
作者

💬 《探案手册》最初的灵感来自2000年末纽约中央车站的一个展览，展出的是荷兰艺术家特恩·霍克的作品。霍克的手工着色相片讲述了一个个梦幻而怀旧的故事：一个人背着书、骑着自行车上山坡；一个艺术家永无止境地画着钥匙孔；成排的闹钟盛开在耕田中。意义不仅仅在于照片本身，还在于它们现身于这个喧嚣的公共场所，幻想与现实在此庄严地邂逅。在泰尔·格雷茨基设计的封面中也有着这种邂逅：充满幻想却又真实可触，如同梦的具象化。

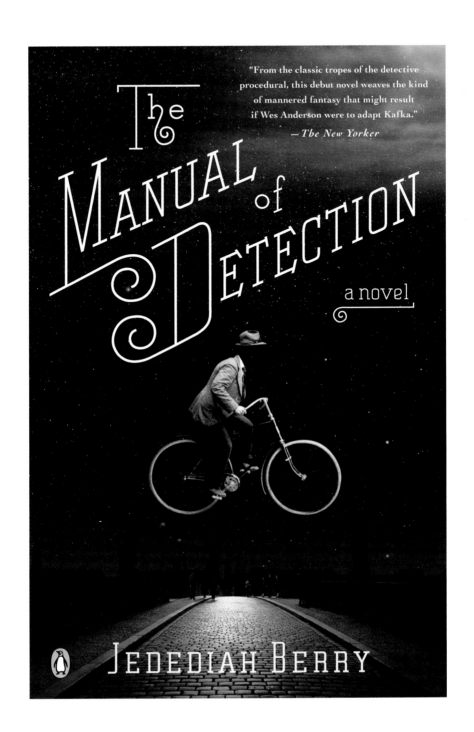

"From the classic tropes of the detective procedural, this debut novel weaves the kind of mannered fantasy that might result if Wes Anderson were to adapt Kafka."
—*The New Yorker*

The MANUAL of DETECTION

a novel

JEDEDIAH BERRY

44

《毛泽东》

作者：
史景迁

设计师：
杰斯敏·李

摄影师：
未知

艺术总监：
罗斯安妮·塞拉

编辑：
卡洛琳·卡尔森

史景迁
作者

🗩 在我这本书的初版和大多数外国版本的封面上，毛泽东的肖像都很大，甚至是巨大的。他活着的时候，全中国的毛泽东肖像都是如此，甚至在他死后也是一样。企鹅的版本则完全颠覆了这个概念，它把毛泽东的人像弄得很小，穿着橄榄绿的军装，在一大片淡橘黄色中散着步。他丰满的面颊被他的名字衬得很小。那名字看起来如此巨大，以至于伟人似乎要被自己的重量压垮。简单的词语"MAO"对于整个封面来说也非常大，甚至超出了封面的范围，字母"M"和字母"O"都变得不完整，还有两颗星星戏谑般闪烁着。底部的一段锦缎则显得非常幽默，毛泽东会跳过去吗？看起来很可能会。把书翻过来，你会发现封底上也是他，而且有三个！（就好像一个还不够！）这绝对是我最喜欢的封面之一。

杰斯敏·李
设计师

🗩 设计《毛泽东》这本书的封面时，我既紧张又兴奋。毛泽东是一个非常常见的题材，并且已经有了很多可供参考的设计，包括彼特·门德尔松最近设计的一个非常漂亮的封面。那个封面激励我创造出自己的宣传海报风格的作品。我让字母跑出封面，它们就好像在大声尖叫："MAO！"然后，我放了几颗星星，用了明快的颜色，当然，还加上了毛主席本人的形象。

MAO Zedong

★ *a life* ★

JONATHAN SPENCE

author of *The Death of Woman Wang*

45

《家的地图》

作者：
朗达·贾拉尔

设计师 | 插画师：
杰雅·米塞利

艺术总监：
罗斯安妮·塞拉

编辑：
亚历克西斯·瓦斯汉姆

朗达·贾拉尔

作者

🗨 对于那种用来装饰大多数阿拉伯或穆斯林作者的书的东方式图案，我一向很敏感。至于我自己的书，我可不想要那种傻乎乎的东方字体或者浴室瓷砖一般的几何图案。第一个封面方案字体漂亮，色彩鲜艳，也没有什么令人生厌的图案，小说的主人公尼达莉骑着一辆自行车……却戴着小说中并没有的面纱，这让我很吃惊，好在后来面纱被去掉了。尼达莉奋力蹬着自行车，向地图的东部驶去。有了这个具象的设计，这个封面惊艳地满足了我的希望：它展现了年轻和动感，没有俗套的图案。有趣的是，就像尼达利一样，这个封面在到达目的地之前也颇有一番经历。

杰雅·米塞利

设计师 | 插画师

🗨 在最初的设计中（见下方），主人公是戴着面纱的，看上去就像是一位骑着自行车的女修道院院长。作者建议把面纱去掉，这个建议帮助封面设计取得了成功。

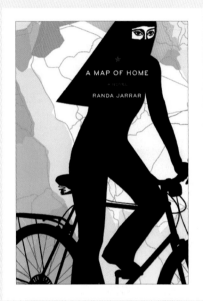

A MAP

OF HOME

A NOVEL

RANDA JARRAR

"An
extraordinary
debut."
—PEOPLE
(four stars)

#46

《不存在的女儿》

作者:
金·爱德华兹

设计师:
克雷格·莫利卡

摄影师:
利兹·麦吉克·拉瑟尔

艺术总监:
保罗·巴克利

编辑:
帕米拉·多曼

金·爱德华兹
作者

💬 《不存在的女儿》的封面设计当时是以邮件附件的形式发给我的。轻薄的白色裙子飘浮在黑色的背景中,微雪飘落,唤起一种迷茫神秘的感觉。我立刻就爱上了它——这幅图有着一种视觉上的隐喻,空裙子的意象在人脑中挥之不去。美国和海外的读者都很爱它。休斯敦的一家书店用封面海报贴满了橱窗;而在意大利的一个火车站,也贴着一幅跟我差不多高的大海报。无论我去哪儿签售,都有读者跟我说起这个封面的微妙魔力,说起它的美。

克雷格·莫利卡
设计师

💬 在《不存在的女儿》非常流行的那段时间,我有一天早上去企鹅上班,发现仅在我乘坐的那节地铁车厢里,就有五个人在读这本书。作为一个封面设计师,我当然很高兴能在街头看到自己的作品。但是一下看到五个?只能解释成熬夜后产生幻觉了。

我从没想过,悬浮着的白裙子会成为一个标志性图像。多亏了金·爱德华兹那引人入胜的故事,现在这本书仍在各个书店里占据着最醒目的位置。

保罗·巴克利
艺术总监

💬 为一本万众期待的书设计封面可不同寻常。我们知道这个封面效果会很好,却不知道会这么好,简直可以说是反响巨大。有一个编辑经常喜欢说:"保罗,我告诉你,这本书将会非常非常非常难搞定。"意思是:我需要看上百幅设计稿,并且举棋不定,直到 UPS 快递的人上门来催。还有人会对我说:"别对哪个设计高兴得太早,我可不会轻易上钩。"幸运的是,在创作这个封面的时候我们并没有听到这样的话,我很高兴听见克雷格的那句:"我们来给这本书拍张照吧!"然后克雷格和利兹说:"好啊!拍一张飘浮在雪中的空裙子。"多么令人难忘的封面啊!

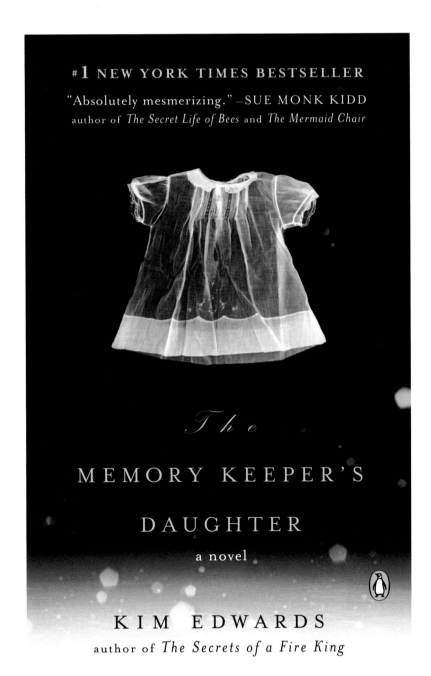

根据维京精装版修改的封面

47

《菲利普先生》

作者：
约翰·兰切斯特

设计师：
德维恩·多比森（Dinnick &
Howells 设计工作室）

艺术总监：
罗斯安妮·塞拉

编辑：
玛丽安·伍德

RS 第一批封面方案看上去不错，而且鉴于精装版卖得不好，企鹅团队正想试做一个完全不同的平装版封面。于是我让 D&H 公司从头来过，让设计更上一层楼，让它更有趣。他们并没有为此兴奋，而我则碰上了可想而知的难题——一个男人丢了工作，还瞒了家里整整一年，这种故事要怎样才能做得"有趣"？最终，他们发给我这张塑料假人的设计稿，供编辑权衡。编辑有一点保守，不愿意冒险用这么标新立异的封面，所以这个封面搁置了几个月，直到我们据理力争，把它发给了作者。最后营销部门加入了进来，他们喜欢这个封面，所以我们用了这个它。我觉得平装版卖得也不是很好。是因为封面吗？嗯……这永远都是个问题，不是吗？

德维恩·多比森
设计师

🗨 我们的第一个封面间接展现了菲利普先生失业的境况。孤独的公园长椅上，放着一顶礼帽和一个公文包。

让人失望的是，这个设计方案被忽视了。讽刺的是，几年后费伯出版社出版的版本却用了这张照片。

我们又收到进一步的设计指导："附件中是《菲利普先生》更多的封面概念稿，我希望你能够说服你的人这个方案行得通。"

终稿：会计账簿纸上摆满了女性塑料假人的头像，这一设计意图体现出主角对女性的物化，以及他对数字计算强迫症般的痴迷。

约翰·兰切斯特
作者

🗨 看到这个封面的第一感觉是我得了健忘症。我不记得关于这个封面的任何细节，不记得它的制作过程。我的编辑玛丽安·伍德告诉我曾有一个封面版本是全裸的塑料假人，当时它引起了很大的争论。那张看起来虽然很震撼，却太另类、太挑衅，不过仍然为最终的成功方案（据说）打下了基础。虽然有点冷冰冰的，但十年后来看，这本书的封面仍然出色，尽管我不确定它是否适合我的书。

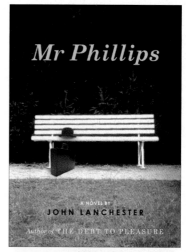

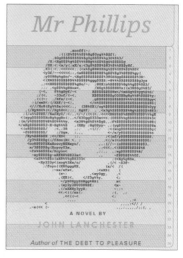

封面提案

Mr Phillips

25%   55%

35%   85%

92%   70%

A NOVEL BY

 JOHN LANCHESTER

Author of THE DEBT TO PLEASURE

"Imagine Virginia Woolf's *Mrs. Dalloway* with a middle-aged man obsessed with short skirts and what they conceal." —*USA Today*

《我的小蓝裙》

作者：
布鲁诺·马多克斯

设计师：
伊万·加夫尼

摄影师：
未知

艺术总监：
保罗·巴克利

编辑：
莫莉·斯特恩

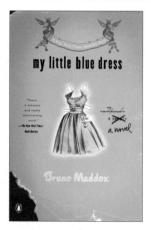

对不起，伊万……

伊万·加夫尼
设计师

💬 企鹅寄来了《我的小蓝裙》的终稿，当我撕开企鹅那标志性的、鼓鼓囊囊的、不可循环使用的白信封时，我非常震惊。尽管我遵循了他们的要求把封面设计得更有趣，因把"一部小说"这行字写出了几种样子，但是企鹅加了一个大条幅，由两只小鸟拉着，上面写着"《纽约时报》推荐"。这就有点过了，不是吗？一个封面上塞了太多的小幽默，反而就不那么有趣了。这部小说讲的是一个绝望的作家为了讨好他犹疑的女朋友，绝望地写了一部假回忆录。礼服粘贴画、撕坏的封面、划掉的单词、乱选的字体，所有这些细节都可以在杂乱的办公桌上完成，绝望的作家在深夜借助钢笔、剪刀和一瓶波旁威士忌，尽他所能创造出一点"真实"的东西。绝望而痴情的作家是不会从存放老剪贴画的光盘中导出一个横幅，放在 Quark3 软件中，在上面去编辑文字的。这简直太好笑了，但我只能哭泣……

布鲁诺·马多克斯
作者

💬 第一次看到我这本 2001 年出版的小说《我的小蓝裙》的封面设计时，我简直太开心了。如果你还没读过这本书，我会告诉你它是一个爱情故事，爱情故事藏在假回忆录中，假回忆录又藏在……其实我也忘记了。那时候很流行这种东西。不管怎么样，这个封面完美地表现了我试图表达的一层套一层的"虚构认识论"。在某种程度上，封面比书表现得更好。正如一位读者在亚马逊页面上恰如其分地评论道："我只给这本书一颗星，还是看在它有个特棒的封面！"

my little blue dress

a Novel

Bruno Maddox

#49

《新百德拉姆疯人院》

作者：
比尔·弗拉纳根

设计师 | 艺术总监：
戴伦·哈格尔

编辑：
詹尼·弗莱明

左图：企鹅精装版《新百德拉姆疯人院》
封面提案
右图：河源出版社的《一切糟糕的事都
有益于你》的封面
两幅封面的设计师：杰米·基南

比尔·弗拉纳根
作者

💬 《新百德拉姆疯人院》是一部喜剧小说，讲述了一个生活在罗得岛新百德拉姆小镇的古怪家庭，他们拥有世界上最差的有线电视频道。艺术总监戴伦·哈格尔呈现了一个我非常喜欢的封面——一个头部是电视机的男人。看到这个设计，我实在太高兴了。后来我的小说被推迟了六个月出版，同时在书店里，我非常震惊地看到自己的封面出现在了另一本书上。当我对这件事表示抗议的时候，戴伦说："哦，我以为你的书被毙掉了。"竟然对一个作家讲这种话！然后我建议在封面上弄一些火车模型里的小房子，旁边立着电视遥控器，仿佛高楼大厦一样。但是没人喜欢这个主意。接着，戴伦提议在红色的谷仓前放一只塑料狗（或者一只牛？）。无疑他觉得罗得岛就是佛蒙特州那样的农村。事实上，它更像是新泽西。我说："罗得岛特产——龙虾钳怎么样？穿着商务西装，拿着遥控器的龙虾钳。"这就成了《新百德拉姆疯人院》的封面，不过遥控器被去掉了。当我提到这点的时候，我的编辑对我说："每个人都爱这个封面，就这样吧。"言外之意就是"坐下，闭嘴"。这个

封面无疑很有冲击力，但是无论何时何地我在宣传这本书，人们都会问我龙虾和这本书有什么关系。一位女士告诉我，西服袖子里的龙虾钳配上书名让她以为这是一个恐怖故事。这种猜测在网上也不断出现，其中有一个读者如此解读这个封面："这是一本关于媒体食物链最底层的书。"不用说，我很快开始使用网上这个说法了。

戴伦·哈格尔
设计师 | 艺术总监

💬 我们有一个关于《新百德拉姆疯人院》的封面，后来又没了。最初，我邀请了杰米·基南来做这个封面，他的提案得到了通过。但是后来这本书被延期出版了，几个月后，我注意到我们的封面被印了出来，却印在另一个作者的另一本书上。看起来基南因为不确定这个项目是否存活，把他的作品卖给了其他出版社。这是一个教训——要确保自由设计师知道他们的设计是否被采用！

最终的封面是在作者的帮助下完成的。他建议用龙虾钳，而我用图片库里的图像把封面做了出来。

NEW BEDLAM
A NOVEL
BILL FLANAGAN

根据企鹅出版社精装版修改的封面

#50

《格格不入的人》

作者:
马特·麦卡锡

设计师:
克雷格·库里克

摄影师:
约翰·戴尔

艺术总监:
保罗·巴克利

编辑:
凯文·道格顿

克雷格·库里克
设计师

💬 这个封面算是我设计的精装版封面中的一个特例。这种类型的封面，用在平装版上或许能侥幸成功，但我从没想过把它用在精装版上。这本书写了一个常春藤大学出身的投球手在最低级的职业棒球小联盟比赛的故事。我觉得这本书需要粗犷的设计，不仅仅因为这是一本关于棒球的书，还因为这是一本描写激烈的职棒小联盟比赛的故事。这个封面相当简单直接，没有什么深奥的理念，我也不确定这本书的封面是否真的需要什么理念。在更早的版本中，我试过用分子图案来做封面，把其中的原子换成棒球。但这个想法有点过头了。有时候，最好的想法就是没想法。

马特·麦卡锡
作者

💬 我看到与我这本书同类别的其他书的封面大多色彩丰富、光鲜亮丽的。但我希望自己这本能有些不同。我的编辑和设计师筛选了无数张照片，最后找到一张我非常喜欢的——这张照片表现了一个职业棒球小联盟球手默默无闻的状态。这张封面最常得到的评论是："那人是你吗？"（不是的）"这个投球手是左撇子还是右撇子？"（左撇子）还有"封面上这个男人的屁股真美。"（谢谢？）

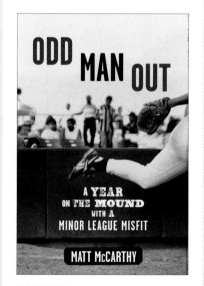

维京精装版封面

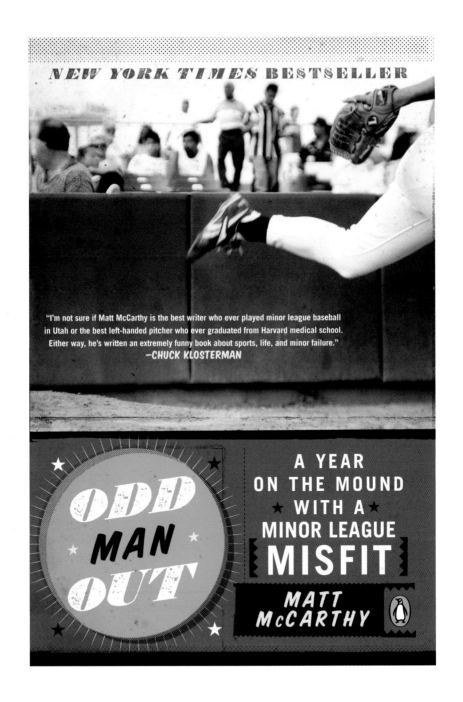

51

《哦，这一切的荣耀》

作者：
肖恩·威尔西

设计师：
Non-Format 设计公司

艺术总监：
戴伦·哈格尔

编辑：
安·戈多夫

肖恩·威尔西
作者

▆ 我是带着要得到史上最棒封面的想法去企鹅出版社的，结果证明这不失为一个好的开端。我在这本书的空白处涂涂画画，积累了六年的涂鸦，想要画出一种狂热的、难以自控的爆发力。在和我的编辑安·戈多夫讨论封面的时候，"爆炸"这个词出现了很多次。我也喜欢纯文字的封面。安绝对是有史以来最棒的编辑，她安排了一系列与艺术总监戴伦·哈格尔的会面。他听了我们所说的一切，看了我带来的东西，还读了我的书。然后，他想出了一个更棒的主意：就是这个！

戴伦·哈格尔
艺术总监

▆ 发行部门对这个封面的反馈并不是很好。他们担心这个设计太素，还担心能否看清标题。我们在字母上加了亮箔，然后这本书的编辑安·戈多夫想出了一个聪明的点子——印两个版本的封面，一个黑色，一个白色，把发行部门的忧虑一扫而空。

我对最终成果非常满意。Non-Format 的作品非常出色，而发行部门的阻力反倒让设计锦上添花——这种事可不经常发生。

反转颜色的封面设计

OH THE GLORY OF IT ALL

SEAN WILSEY

#52

《关于美》

作者：
扎迪·史密斯

设计师：
A2/SW/HK 工作室

艺术总监：
戴伦·哈格尔

编辑：
安·戈多夫

戴伦·哈格尔
艺术总监

💬 这幅封面很容易就设计出来了。我们在一本设计杂志的专题上看到了字体样式，由 A2/SW/HK 工作室的亨瑞克·库伯尔设计。这个字体本来是为《时尚》杂志设计的，但未被采用。我联系了他，与他聊了聊将这个字体用于扎迪·史密斯新书封面的想法，然后封面差不多就出来了。亨瑞克提供了一些其他的设计方案，它们全都不错，但我们还是坚持用原来那个。

我也委托了科尔·诺贝尔（Kerr Noble）工作室来尝试一下。我看过他们的其他作品，觉得他们也许能设计出非常有趣的东西，可惜最终没成功。

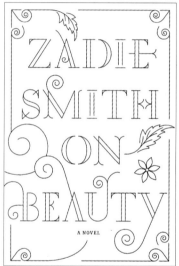

来自 A2/SW/HK 的草图

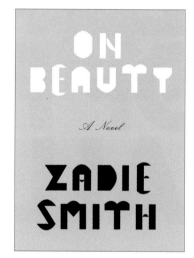

科尔·诺贝尔的封面提案

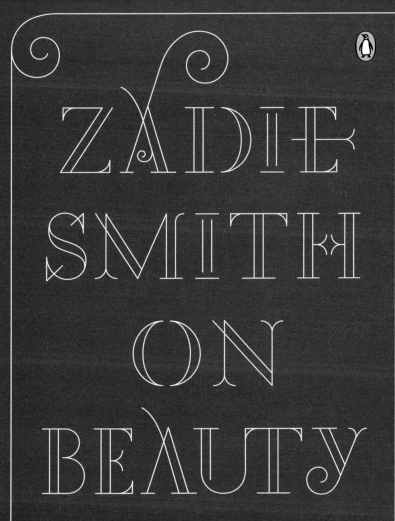

ZADIE SMITH

ON BEAUTY

A NOVEL

A *NEW YORK TIMES* BESTSELLER

AUTHOR OF *WHITE TEETH*

53

《在路上：原始手稿版》

作者：
杰克·凯鲁亚克

设计师：
克雷格·莫利卡

艺术总监：
保罗·巴克利

编辑：
保罗·斯洛瓦克

克雷格·莫利卡
设计师

如果我其余的设计生涯一败涂地，至少我可以说自己曾设计过杰克·凯鲁亚克的《在路上》。在这本书诞生 50 周年之际，企鹅出版了它的原始手稿版。我非常感激可以得到设计它的工作，然而当我意识到这份工作有多难时，焦虑立即袭来——你要怎么重新包装一本这么经典的小说呢？限定条件反倒让着手工作容易了些。凯鲁亚克用手动打字机在三周内写完了原稿，这份原稿如今要出现在封面上。我和极具才华的阿里·坎贝尔合作了几轮设计，将原稿的照片和道路、风景、蓝天等拼凑在一起。最后，我和保罗觉得弄得不错，就把设计稿拿给凯瑟琳·科特和保罗·斯洛瓦克看……嗯……好像不是他们想要的那种。大家的意见是，书的包装应该看起来更放荡不羁、随心所欲、形象生动。截稿的最后期限已经逼近，我全力换档加速。两个晚上过后，在听了凯鲁亚克的作品，喝了几轮咖啡，欣赏了一些爵士乐后，我终于做出了这个封面。嘿，我设计了杰克·凯鲁亚克的《在路上》。

保罗·巴克利
艺术总监

在企鹅待了这么久，我已经参与《在路上》的重新设计达五六次之多。它是我最喜欢的书之一，我读过很多遍。我永远不会忘记 1957 年初版书的最后一页，它写得如此美好：

于是，在美国太阳下了山，我坐在河边破旧的码头上，望着新泽西上空的长天，心里琢磨那片一直绵延到西海岸的广袤的原始土地，那条没完没了的路，一切怀有梦想的人们，我知道这时候的艾奥瓦州允许孩子哭喊的地方，一定有孩子在哭喊，我知道今夜可以看到许多星星，你知不知道大熊星座就是上帝？今夜金星一定低垂，在祝福的大地的黑夜完全降临之前，把他的闪闪光点洒落在草原上，使所有的河流变得黯淡，笼罩了山峰，掩盖了海岸，除了衰老以外，谁都不知道谁的遭遇，这时候我想起了迪安·莫里亚蒂，我甚至想起了我们永远没有找到老迪安·莫里亚蒂，我真想迪安·莫里亚蒂。（选自《在路上》，王永年译，上海译文出版社 2006 年版）

ON THE ROAD

The Original Scroll

The legendary first draft —
rougher, wilder, and racier than the 1957 edition

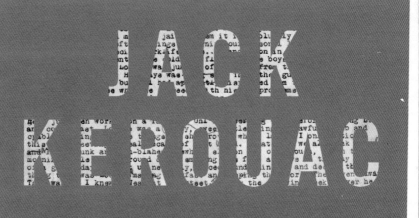

penguin classics *deluxe edition*

#54

《企鹅经典系列》

作者:
多名作者

系列设计师:
安格斯·海兰德
保罗·巴克利

艺术总监:
多人

系列编辑:
艾尔达·鲁特

凯瑟琳·科特
出版人

💬 《企鹅经典系列》一直被称为企鹅王冠上的明珠,这一点都没错。《企鹅经典系列》约有一千四百种图书,没有任何其他经典丛书可以在广度、深度和质量上与之抗衡。尽管历年来有微调,但从 1946 年出版第一本企鹅经典(荷马的《奥德赛》),直到 2003 年,这个系列的封面设计就没怎么变过。但在 2002 年,企鹅美国和企鹅英国觉得是时候来一场大变革了。于是我们开始了一个漫长而血腥的工程,以让两家公司的出版人和艺术总监都满意。结果非常不错,模板优雅,简洁又清新,可以完美地容纳不同风格的艺术作品。

保罗·巴克利
设计师 | 艺术总监

💬 《企鹅经典系列》从很多方面来说都对我们非常重要。作为一个公司,这套系列是我们骄傲的根基,也是我们身份认同的一部分。但是如果我们不小心,这份我们视若珍宝的东西反而会使我们看起来陈腐无味。任何事物都需要保持平衡,所以我们花了很多精力让作品看起来更有趣,更新鲜,更符合新一代读者的口味,但是依旧要显得经典厚重,而不是轻佻廉价。其中的一些书印量非常小,我们雇不起外面的插画师,然而这反而为我们在部门内部培养出了很棒的设计师。对社内设计师来说,这些书的封面设计是个很好的机会,可以展示他们的才华,创造出新颖有趣的作品。他们被要求用新瓶装旧酒,为了解决难题,他们很可能想出一些出人意料的好方案。

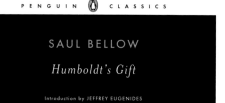

PENGUIN ⓟ CLASSICS

SAUL BELLOW

Humboldt's Gift

Introduction by JEFFREY EUGENIDES

PENGUIN ⓟ CLASSICS

SAUL BELLOW

The Actual
A Novella

Introduction by JOSEPH O'NEILL

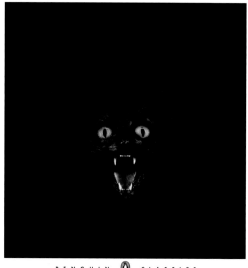

PENGUIN ⓟ CLASSICS

American Supernatural Tales

Edited with an Introduction by S. T. JOSHI

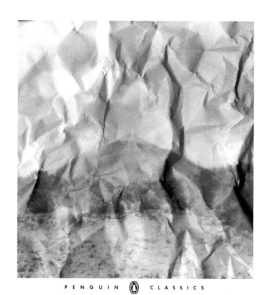

PENGUIN ⓟ CLASSICS

WALLACE STEGNER

The Big Rock Candy Mountain

Introduction by ROBERT STONE

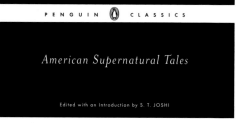

顺时针方向自左上起：《洪堡的礼物》（封面原图作者：詹·王），《实际》（封面原图作者：尼克·德瓦尔），《大糖果山》（摄影师：霍华德·麦卡尔平，艺术处理：克里斯托弗·布兰德），《美国超自然故事》（封面原图作者：汉斯·莱勒曼）

JORGE LUIS BORGES

Poems of the Night

JORGE LUIS BORGES

The Sonnets

SAUL BELLOW

The Victim

Introduction by NORMAN RUSH

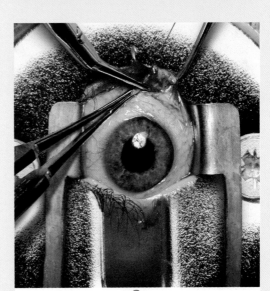

PATRICK WHITE

The Vivisector

Introduction by J. M. COETZEE

顺时针方向自左上起:《夜之诗》和《十四行诗》(封面原图作者:杰森·弗里曼),《活体解剖者》(封面原图作者:本·怀斯曼),《受害者》(封面设计师:艾尔莎·乔)

The Penguin Book of Gaslight Crime

Edited by MICHAEL SIMS

JAMES AGEE

A Death in the Family

Introduction by STEVE EARLE

FRANCES ELLEN WATKINS HARPER

Iola Leroy

General Editor: HENRY LOUIS GATES, JR.

BERTOLT BRECHT

The Good Person of Szechwan

Foreword by CARL WEBER

顺时针方向自左上起：《企鹅煤气灯时代犯罪文学选集》（封面原图作者：贾娅·米塞利），《家中亡故》（封面原图作者：克里斯托弗·布兰德），《四川好人》（封面原图作者：未知，艺术处理：詹·王），《艾奥勒·勒鲁瓦》（封面原图作者：克里斯托弗·布兰德）

55

《企鹅刺青系列》

系列编辑：
汤姆·罗伯格

《等待野蛮人》

作者：
J. M. 库切

设计师 | 插画师：
克里斯多弗·康·阿斯科

艺术总监：
保罗·巴克利

编辑：
凯瑟琳·科特

保罗·巴克利
艺术总监

当《企鹅刺青系列》的任务落在我身上时，我正出于个人兴趣在研究文身艺术家。十多年来，我一直想要个文身，但是，作为一个挑剔的艺术总监，这是个非常艰难的决定。什么样的图案才足够完美，让我想在此后的五十年里一直看到它？什么样的艺术家才有足够的才华，能够完成这样完美的图案？第一次，我预约了文身，却又在开始前两小时打电话取消，临阵脱逃了。我告诉自己，这个文身师水平不行，我怎么能没搞清楚这件事呢？我又花了五年时间选了一个我认为完美的文身艺术家，又花了两年才定下预约。我花了很多时间研究了大量的文身艺术家，他们的才华令人惊讶。我不能说这才华是"未开发的"，但公平地说，这才华在商业领域中并未物尽其用。

在这个项目正式启动前，我和我们的一个编辑汤姆·罗伯格讨论过这个想法。汤姆身上有不少漂亮的文身，他觉得这个想法很好。然后我把这个想法告诉了出版部门，他们比我预想的要激动得多。不久，他们选择了汤姆作为这个系列的主编。让杜克·莱利担任《系统之帚》的设计师就是汤姆的主意。那是个漂亮的封面。

作为这些艺术家的艺术总监，我学到的教训是，一些文身艺术家喜欢快刀斩乱麻——人们来到你的文身店，告诉你他们想要什么，你帮他们弄好，他们付钱走人，紧接着是下一个。很不幸，在图书出版业，我们要在代理人、作者、版权所有者等多方之间斡旋，这使封面设计项目可以持续几周之久。人们提出细节上的改动，然后各方所有人又要重新讨论一遍。对于有些文身艺术家，这是一种非常陌生的工作方式。有些艺术家在修改阶段变得很不可靠。一个艺术家在我们的最后一次谈话中愤怒地指责我们的节奏过慢，他不停地在电话中叫嚣："你知道我是谁吗？？！"

是的，这就是为什么我聘用了你，愤怒的家伙，也是为什么我再也不会这么做了。

试着给这些艺术家匹配合适的作家是件十分有意思的事，也是一次艰难的学习经历。这不是一种我很在行的艺术形式，我仍在学习如何摸清门道，但偶尔还是会被它们绊倒。

J.M. COETZEE

WAITING FOR THE BARBARIANS

A NOVEL

PENGUIN INK

《系统之帚》

作者：
大卫·福斯特·华莱士

设计师 | 插画师：
杜克·莱利

艺术总监：
保罗·巴克利

编辑：
加里·霍华德
汤姆·罗伯格

汤姆·罗伯格

丛书编辑

当保罗找我讨论请文身艺术家设计丛书封面的主意时，我才来企鹅几个月。我觉得可能是因为我的胳膊上布满了文身，而且其中一些的灵感还来自文学。显然，我对这件事饱含热情，但有点不确定上面的人会怎么想。很幸运，保罗的提案令他们十分惊喜，于是这个项目通过了。你瞧啊，当开始选择书目并且开始与作者、版权所有人和代理人接洽的时候，我就要站在编辑的角度来统筹这个项目。想从我们海量的书目中找出合适的书并非易事。我认为，一定要充分考虑到文身美学、文身文化与图书之间的关系。我不想把艺术家安排到不合适的书目上。

当保罗提出《企鹅刺青系列》犀利的想法时，我刚开始接触到杜克·莱利那令人惊叹的贝雕风格文身和插画，于是马上推荐了他。他的特色是描绘海洋世界，但是他也做了一些很独一无二的作品，巧妙地融合了艺术技巧和异想天开。我知道《系统之帚》是一本适合他去设计的书，结果确实如此。杜克用一面无比华丽的镜子映现出了穿刺者弗拉德的形象，画面简洁又异常美丽。书的后勒口画的是丽诺尔堆积成山的肥皂，前勒口是她哥哥的义肢，它们都是纯粹的杜克风格。没有别人能做出这样的作品。

The Broom of the System

of the

system

DAVID FOSTER WALLACE

《金钱》

作者：
马丁·艾米斯

设计师 | 插画师：
伯特·克拉克

艺术总监：
保罗·巴克利

编辑：
比尔·斯特罗恩
汤姆·罗伯格

《BJ 单身日记》

作者：
海伦·菲尔丁

设计师 | 插画师：
塔拉·麦克弗森

艺术总监：
保罗·巴克利

编辑：
帕米拉·多曼
凯瑟琳·科特

伯特·卡拉克
设计师 | 插画师

🗩 我刚接手为《金钱》绘制封面的任务时，完全不知道要做什么。在和保罗讨论过几次之后，我决定去做我熟悉的东西——经典的文身图案。书中描绘的那个粗犷的世界和传统文身的豪放大胆的设计相得益彰。第一个草稿画得太像一幅画了，但最后我们做出了满意的成品，风格就像在任何一个顶级文身店里都能找到的那种图案一样。

塔拉·麦克弗森
设计师 | 插画师

🗩 《BJ 单身日记》的封面非常有意思，因为作为这一系列书籍封面的一部分，我必须要转变一下风格，去传达一种文身的感觉。不管怎样，尝试不同的风格十分有趣。而且，我是在美国和澳大利亚旅游的时候创作的这幅作品。在旅馆中创作真不是一件容易的事！不过，最终出来的效果还是很漂亮的。

保罗·巴克利
艺术总监

🗩 塔拉·麦克弗森不是一位文身艺术家，尽管她自己有许多文身，并且在文身界很有名。我需要一些与传统印象中的《BJ 单身日记》有所不同的东西。我仔细考虑后问她是否愿意尝试创作文身风格的作品。不过，我首先得想个理由说服自己，既然她不是一个文身艺术家，我该如何宣称这个系列都是由文身艺术家创作的？在这期间，我和妻子决定去迈阿密度一个短假，而我妻子当然想要光顾著名的 Joe's Stone Crab 餐厅……当时坐在我们对面的正是塔拉。我们那时不认识彼此，我也不是那种会在别人吃饭时打扰他们的人。所以我让她在平静中享用晚餐，而没有跑过去做自我介绍。我有点相信"有缘千里来相会"这件事，所以我一回到纽约就立刻联系了她。她也喜欢这个想法。我很高兴我这次小小的偏题，因为塔拉做出了非常杰出的作品。

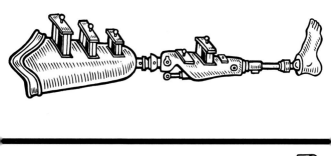

The Broom of the System

DAVID FOSTER WALLACE

David Foster Wallace   The Broom of the System

At the center of this outlandishly funny, fiercely intelligent novel is the bewitching heroine, Lenore Stonecipher Beadsman. The year is 1990 and the place is a slightly altered Cleveland, Ohio. Lenore's great-grandmother has disappeared with twenty-five other inmates of the Shaker Heights Nursing Home. Her beau, and boss, Rick Vigorous, is insanely jealous, and her cockatiel, Vlad the Impaler, has suddenly started spouting a mixture of psycho-babble, Auden, and the King James Bible. Ingenious and entertaining, this debut from one of the most innovative writers of his generation brilliantly explores the paradoxes of language, storytelling, and reality.

Cover by Duke Riley

www.penguin.com   www.vpbookclub.com

A PENGUIN BOOK
Literature

ISBN 978-0-14-319689-6

EAN

9 780143 196896

51800

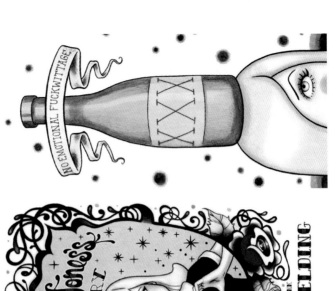

HELEN FIELDING ✳ BRIDGET JONES'S DIARY

COVER ILLUSTRATION AND DESIGN BY
TARA MCPHERSON

$15.00

ISBN 978-0-14-311713-1

EAN

PENGUIN INK

#56

《企鹅诗歌系列》

《互不相识的人们一起等待穿越人行道》

作者：
马克·雅基克

设计师：
布莱恩·莱亚

插画师：
罗伯特·维恩斯托克

艺术总监：
玛格丽特·帕耶特

编辑：
保罗·斯洛瓦克

玛格丽特·帕耶特
艺术总监

🗩 我为《企鹅诗歌系列》做艺术总监有很长一段时间了，与此同时也成了诗人、插画师和设计师之间的协调人。这也是为什么当我在书店里或书架上看到这个封面时，它依旧令我惊叹，让我想起我们是如何顺畅地设计出了这么棒的封面。

这个项目交给我之后不久，我就接到了诗集编辑的电话，他告诉我诗人有一位插画师朋友画了一些小画，想让我们在封面上用这些画。好吧！我想，那就这样吧，我又不得不去招待一位外行了。我给他打了一个电话，我们聊了一会儿，我不得不承认他听上去非常友善。他最后答应寄些画作过来。收到后，我胆战心惊地打开，发现了一页又一页的小人，它们或奇妙，或搞笑，或可爱，或蛮横，或古怪，或悲伤。我都高兴坏了！

然后，我把设计的工作交给非常能干的布莱恩·莱亚，他做得很棒，创造了和图片相得益彰的手写字体。这个封面深受好评，在第一轮就通过了。

我觉得这个封面非常有力量。它让我想到了在这座城市中生活和工作的所有人。你每天都可以看到他们：高的、矮的、高兴的、悲伤的……互不相识的人凑在一起等待红绿灯变换，穿越人行道。

UNRELATED INDIVIDUALS

FORMING A GROUP

WAITING TO CROSS

MARK YAKICH

THE NATIONAL POETRY SERIES

SELECTED BY JAMES GALVIN

The IMPORTANCE *of* PEELING POTATOES *in* UKRAINE

Mark Yakich

PENGUIN POETS

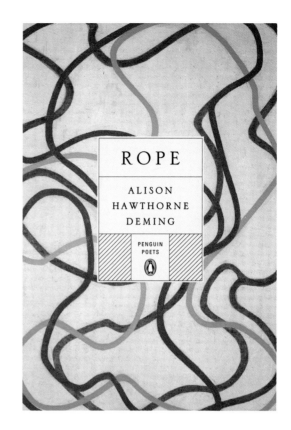

ROPE

ALISON HAWTHORNE DEMING

PENGUIN POETS

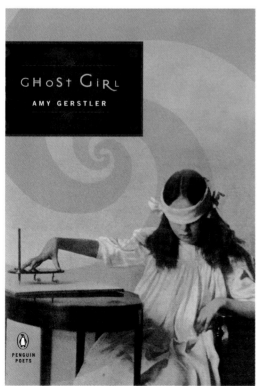

GHOST GIRL

AMY GERSTLER

PENGUIN POETS

WAY MORE WEST

NEW AND SELECTED POEMS

EDWARD DORN

author of *Gunslinger*

penguin poets

《削土豆在乌克兰的重要性》

作者：
马克·亚克西

设计师：
詹妮弗·诺鲍尔

插画师：
雷·凯萨尔

艺术总监：
玛格丽特·帕耶特

编辑：
保罗·巴克利

《绳》

作者：
艾莉森·霍桑·戴茗

设计师：
阿尔伯特·唐

插画师：
布莱斯·马顿

艺术总监：
玛格丽特·帕耶特

编辑：
保罗·巴克利

《幽灵女孩》

作者：
艾米·格斯特勒

设计师：
詹妮弗·诺鲍尔

摄影师：
哈利·普林斯

艺术总监：
玛格丽特·帕耶特

编辑：
保罗·斯洛瓦克

《继续向西》

作者：
爱德华·多恩

设计师 | 艺术总监：
玛格丽特·帕耶特

插画师：
迈克尔·梅尔斯

编辑：
保罗·斯洛瓦克

《奇怪的肉身》

作者：
威廉·罗根

设计师：
马克·梅尔尼克

摄影师：
爱德华·维斯顿

艺术总监：
玛格丽特·帕耶特

编辑：
保罗·斯洛瓦克

《上帝》

作者：
黛伯拉·格莱格尔

设计师 | 艺术总监：
玛格丽特·帕耶特

插画家：
未知

编辑：
保罗·斯洛瓦克

《男人、女人和幽灵》

作者：
德伯拉·格莱格尔

设计师：
莱恩·马萨德

插画师：
赫尔曼·亨施坦伯格

艺术总监：
玛格丽特·帕耶特

编辑：
保罗·斯洛瓦克

#57

《低俗怪谈》

作者:
威尔·克里斯托弗·拜尔

设计师:
汤姆·布朗

摄影师:
詹姆斯·拉邦迪

艺术总监:
保罗·巴克利

编辑:
科特尼·霍德尔

威尔·克里斯托弗·拜尔
作者

💬 我十分确信这个世界上一定有一条关于消费文化的定理,告诉我们世界上每一样丑陋的、俗气的、畸形的、误入歧途的东西终有一天会变得时尚。《低俗怪谈》是菲尼亚斯·坡系列中我最喜欢的一本,所以我不想给它刻薄的评价。但我至今仍记得收到作者样书的那一天。

那本该是愉快的一天,不适合污秽的语言和冲动的暴力。我打开箱子,立刻想把这些书都放进一个枕套里,把它们像扔一窝双头小狗般扔进水里。我要提一下,书名的设计还是很棒的,是我看到的最好的版本之一,但是并没有好到可以挽救这个封面的失败。当然,我看过校稿,也跟编辑激烈地抗议过这设计,我认为这封面就像是一部昏头昏脑的内衣广告中被毙掉的片段。我也曾天真地希望印刷成品的颜色会没这么肉感。然而它更加肉感了,而且分辨率更高。现在我都可以辨认出他们皮肤上的毛孔了。我十分确定我能看到痘印和鼻毛。此外,亮闪闪的唾液更是锦上添花。时至今日,这都是我见过的惟——本血肉清晰的书。这可不是什么好事。

我意识到我们创造的世界并不总是有吸引力,所以我可以忍受两个平庸模特的激吻特写。顺便提一下,那是对故事中热烈的接吻和咬舌的毫无创意的模仿。最可气的是,除了结尾的几个场景,整本书的故事都发生在夜晚,如果封面上能加入一点夜色,或者布上一层蓝晕,可能效果都会不错。但是这个吻明显是快中午时在一个低级酒吧外的停车场发生的,这似乎是我第一本书里的一个场景。几年后我慢慢习惯了这个封面,但是直到现在我还是不觉得它酷。

汤姆·布朗
设计师

💬 关于为保罗先生创作的这个封面,我惟一能想起来的就是我花了大量的时间和一个摄影师一起拍带运动模糊效果的肖像照。我在那上面花了许多时间,同时让另一个摄影师去拍摄我的另一个想法。结果那个花了最少时间的设计却成了最终的封面。真像是我人生的写照啊!

Penny

DREaDful

Will Christopher Baer

The sequel to *Kiss Me, Judas*
—a claustrophobic TALE OF URBAN DESPAIR and
a live role-playing game
of SEXUAL WARFARE

#58

《彼特罗波利斯》

作者:
安雅·尤利尼西

设计师 | 插画师:
贾雅·米塞利

艺术总监:
保罗·巴克利

编辑:
莫莉·巴顿

PB 如果你用谷歌搜索"彼特罗波利斯"这个词,搜索出的第一条是一家叫圣路易斯的宠物美容寄养所。维基百科说它是巴西的末代皇城。我毫不怀疑这个书名会让人摸不着头脑,因此贾雅凭直觉在封面上画出的两个故事地点——俄罗斯和纽约城——对读者一定很有帮助:我不知道书名的意思,但是我知道这部小说讲的是两个地方的故事。然后,人们要么拿起这本书一看究竟,要么根本不理会。

安雅·尤利尼西
作者

这个红着脸、汗津津的封面摇摆于构成主义、"鸡仔文学"和达人时尚之间。它有点粉红,是那种前苏联国旗久晒褪色后的粉红色,而不是那种少女的洋红色。讲俄国的书一定是红色的,加上那种构成主义的倾角和洋葱头穹顶,以此吸引那些崇拜欧亚文化的读者。然而,那些人通常都是收集二战纪念品的老人,或者是不死的阿纳斯塔西亚公主的粉丝。这本书的主人公是一个讨厌的胖妞,受众明显不是刚才提到的那些人。为了吸引小妞,褪色的国旗上装饰了一句有关丈夫本性的可爱引语。为了吸引潮人,封面用手绘字体唤起了他们的高中回忆。但是不要用泡泡字体,罗德钦科或者阿纳斯塔西亚公主都不会同意的。

可怜的封面!它累得喘不过气。加些小妞进去或许会有所帮助。

贾雅·米塞利
设计师 | 插画师

这个故事发生在俄国和美国,我想用一些标志性的建筑让读者直观地了解主人公的旅程。于是我想用有洋葱头穹顶的圣巴索东正教堂来代表俄国,用帝国大厦和褐砂石建筑来代表美国。作者最初反对用圣巴索教堂,担心会给封面带来过多的宗教元素。她建议画一幅断头的斯大林雕像。这在设计上并不合适,与此同时,这幅画面也让人联想到断头的萨达姆·侯赛因雕像。最后作者终于明白,这样反而会有更浓的政治元素,更加不合适。为了安抚作者,我们在精装版封面上将圣巴索教堂放在了克里姆林宫后面,所以当我看到漂亮的圣巴索教堂得以在平装版封面上全部现身的时候,我相当惊喜。

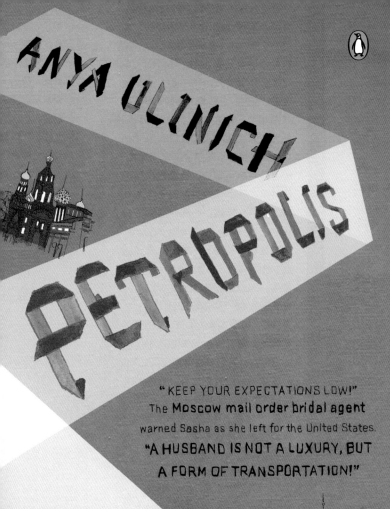

ANYA ULINICH

PETROPOLIS

"KEEP YOUR EXPECTATIONS LOW!"
The Moscow mail order bridal agent
warned Sasha as she left for the United States.
"A HUSBAND IS NOT A LUXURY, BUT
A FORM OF TRANSPORTATION!"

A NOVEL

#59

《钢琴教师》

作者：
詹尼斯·Y.K.李

设计师：
杰斯敏·李

摄影师：
弗朗西斯·麦克劳林－吉尔

艺术总监：
保罗·巴克利

编辑：
凯瑟琳·科特

詹尼斯·Y.K. 李
作者

🖐 封面不应该过于直白。它必须传递一本书的意义，却不能显得说教。它应该反映出书籍内在的思想基调，可以意有所指但不应过于晦涩。封面中不应该出现故事角色的面孔（应该留给读者想象空间，除非你足够幸运，小说被拍成了电影，那么我会说，去吧，把凯特·温斯莱特放到封面里吧，你这幸运儿！）。另外，封面应该美观，或者在其他感性或理性方面能够取悦读者。简而言之，封面是很难做好的。当我的编辑问我对第一本小说的封面是否有想法时，我一片茫然。这是一本关于战火中的殖民时期的香港的小说。我只知道我不想看到的东西：钢琴键盘（这本书的名字是《钢琴教师》），或是一对情侣忘情地拥抱，或是任何明显的"东方"标识，比如龙、中国帆船、穿着旗袍的女孩和筷子（除了筷子，所有这些元素后来都被我的国际出版商们放在封面上了）。被问过意见一段时间之后，我问我的经纪人封面进展到哪一步了。"哦，"她说，"实际上他们给我和凯瑟琳展示的方案都非常糟糕，所以我们什么都没给你看，怕你看了会崩溃。"这可不是我想听到的。"好吧，"我回答说，"要是有什么可看的就给我看一下。"

几周时间悄悄过去了，事情变得有些紧迫了。我收到了更多惊慌失措的邮件，告诉我还是没有可以选用的封面。只剩一两天就要把封面放入书目和其他重要的材料了，我们还是一筹莫展。纽约人起床工作的时候，我在香港正做着该做的事：睡觉。当我醒来时，我收到了编辑一封可爱的邮件，他们在最后关头想出了两个版本的封面。两个我都喜欢，然后我们选择了其中的一幅。

杰斯敏·李
设计师

🖐 《钢琴教师》是一本重磅之作，不仅万众期待，背后还有一个惴惴不安的出版商。我的设计一再被否决，截止日期迫在眉睫，我的压力无以复加。最后关头，我在半夜完成了设计，它却成了我做过的最好的封面。所以，也许到最后，一切的否决都值了。

"Riveting . . . This season's
Atonement." —*Elle*

THE
P I A N O
TEACHER

A Novel

JANICE Y. K. LEE

#60

《穿刺》

作者:
村上龙

设计师:
克里克·理查德·史密斯

摄影师:
斯蒂文·普特泽(头发)
GK·哈特/维基·哈特(兔子)
唐纳德·加加诺(碎冰锥)

艺术总监:
保罗·巴克利

编辑:
阿里·布斯维尔

克里克·理查德·史密斯
设计师

💬 我记得封面设计过程中两个特别的时刻。

第一个就是风格的转变,从对性虐待的直观表达、对 SM 的暗示以及主角(川岛昌幸)的内疚和愤怒,到一个更戏谑的隐喻世界。

在川岛的幻想中,冰锥是一个特别具有毁灭性的武器,他用它在心中杀死了自己年幼的孩子。兔子象征无邪,同时也暗指了川岛童年时对动物的虐待。

第二个时刻就是收到保罗·巴克利的邮件,说最后的封面实在"太他妈的棒了"。在封面设计的工作中,这是我听过的最棒的赞美词。

被否决的封面,摄影师:查斯·雷·克雷德

214

PIERCING

A NOVEL BY
RYU MURAKAMI

Author of *Coin Locker Babies*
and *In the Miso Soup*

#61

《请杀了我》

作者：
莱格斯·麦克尼尔
吉莉安·麦凯恩

设计师：
杰西·马利诺夫·雷耶斯

艺术总监：
保罗·巴克利

编辑：
大卫·斯坦福

被否决而感到沮丧。

杰西·马利诺夫·雷耶斯
设计师

这种撕碎后拼凑出来的勒索信般的图像风格，更像是英国和美国西海岸的朋克。而当我在纽约研究朋克图像时，我发现它特点并不显著，而是更加随性的。莱格斯·麦克尼尔一直想告诉我纽约的朋克圈比起伦敦和洛杉矶更加光鲜时尚，我只好开始翻阅他主编的《朋克》杂志的过刊。大部分《朋克》杂志都是打印的，标题则是用马克笔书写的（充满了 DIY 精神）。为了让我的朋克风设计显得更加纽约，我从《纽约邮报》的头条中剪出了"勒索信"的标题字母。

最初的设计方案是在粗糙材料上采用丝网印刷，可惜印厂印不了。那是一张标志性的脸，向每一个经过的书店顾客咆哮："这就是朋克！"作者不喜欢这个封面，于是我换上了作者最喜欢的罗伯塔·贝利拍的理查德·海尔的照片，以及曾用在精装版封面上的"偷心者"乐队的照片，于是这个封面突然变成了"非常棒"的设计。

莱格斯·麦克尼尔
吉莉安·麦凯恩
作者

先说明一点：出版界的所有人都喜欢吉莉安·麦凯恩，却讨厌莱格斯·麦克尼尔。当我们和格罗夫 / 大西洋（我们最初的出版商）制作《请杀了我》这本书的封面时，吉莉安让他们改了至少一百次，但是他们还是喜欢她。格罗夫的出版人却跟莱格斯·麦克尼尔说，如果他们再做麦克尼尔下本书的话，格罗夫的所有员工就要辞职。

和企鹅出版社一起做封面时，又发生了同样的事。一位艺术总监给我们看了一个封面小样：伊吉·波普伸出舌头，上面印着"请杀了我"的字样。实在很糟糕。照旧，吉莉安走进来，让他们严格按照她所想的（不过是格罗夫所做封面的变体）做改动。然而她失望了，这个变体比法国电影导演让－吕克·戈达尔看起来还像热门话题。

现在它更像是个品牌而不只是一个封面。它张扬、扎眼、庸俗，这些都完美地诠释了书中的内容。莱格斯很喜欢它。但是吉莉安还是希望它能够更……优雅一些。去他的，这一次出版商站在了莱格斯这边。

PLEASE KILL ME

WITH 22 NEW PAGES OF DEPRAVED TESTIMONY

THE UNCENSORED ORAL HISTORY OF **PUNK**

"This book tells it like it was. It is the very first book to do so."
—William S. Burroughs

BY LEGS McNEIL AND GILLIAN McCAIN

#62

《君主论》

作者:
尼科洛·马基雅维利

设计师 | 插画师:
贾雅·米塞利

艺术总监:
罗斯安妮·塞拉

编辑:
艾尔达·鲁特

贾雅·米塞利
设计师 | 插画师

💬 我想做一个现代风格的封面，用来表现马基雅维利关于权力的准则也可以应用在商界。最后关头，我从弗里茨·朗的电影《大都会》那简洁而壮丽的海报中找到了灵感。

博伊斯·比林斯基设计的海报

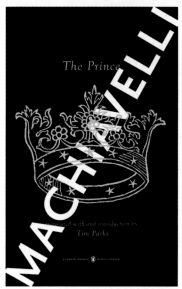

封面提案

#63

《皇室家族》

作者 | 摄影师：
威廉·T. 沃尔曼

设计师 | 艺术总监：
保罗·巴克利

编辑：
保罗·斯洛瓦克

威廉·T. 沃尔曼

作者 | 摄影师

🗨 我很高兴可以赚到维京出版社的钱，他们请我为《皇室家族》设计封面。我拿出了我的 8×10 吋的照相机、胶片匣和一个商店打光灯，溜到一个熟人的旧旅馆，定了一个一小时的房间，然后敲了敲旁边那间屋子的门。里面的女士说她有两个朋友可以帮忙。我让其中一位女士摆出妓女中的女王一般的姿势，另外两个人装作她的侍女。在二十分钟的时间里，我们都很开心。一天后，我的底片出来了。我将其中最好的一张用日光晒印在氯化银相纸上，并镀了一层金，以此来体现皇家气度。我惟一的遗憾就是成品封面上打了码。

保罗·巴克利

设计师 | 艺术总监

🗨 当沃尔曼告诉我他想亲自为封面拍一张照片的时候，我非常兴奋，非常好奇。这些女士是如假包换的、人们所说的吸毒的妓女。虽说如此，你又怎么能不对此印象深刻呢？遇上想为自己的书设计封面的作者，我绝对不会示弱，我会第一个指出这里那里不合适，但是这个封面真是太完美了。这是抓拍还是摆拍？她们是谁？拍摄过程是怎样进行的？我有太多的问题了。当沃尔曼寄给我他的账单（见下文）的时候，我不得不说："你知道，我不太确定这些应付款项究竟指的是什么，你可以写得再详细些吗？"因为没有模特的全名授权，我不得不遮住她们的脸。最后，不得不说的是，我对这幅封面的尺度印象相当深刻——让它获得出版人和发行部门的同意可不容易。

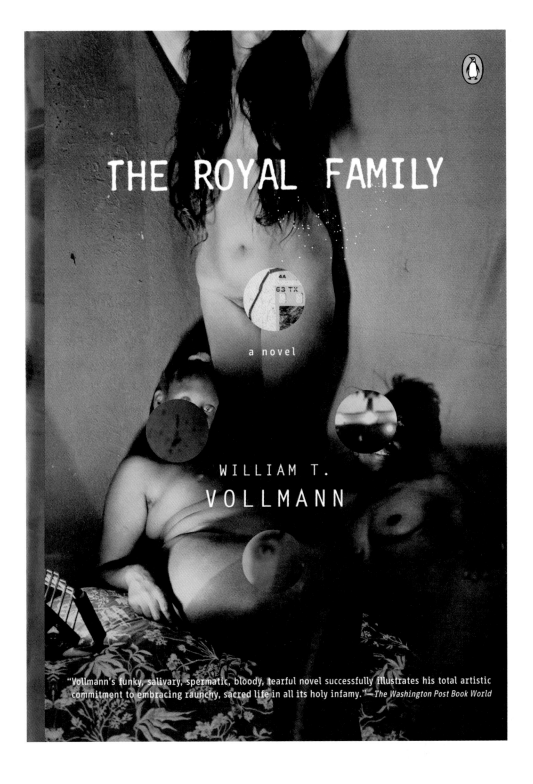

THE ROYAL FAMILY

a novel

WILLIAM T.
VOLLMANN

"Vollmann's funky, salivary, spermatic, bloody, tearful novel successfully illustrates his total artistic commitment to embracing raunchy, sacred life in all its holy infamy." — *The Washington Post Book World*

MODEL RELEASE

For $ __40__ each, we give William 7. Vollmann permission to use one of his nude photos of us on the cover of his novel about the Queen of the Prostitutes.

Name	Date
Mercedes	10/19/99
▓▓▓▓▓▓▓	10/21/99
pussy cat.	

The 1st 2 ladies disagreed on the date. The 3rd therefore refused to write a date. I think it was the 20th.

P.O. Box ███
Sacramento, CA 95818
USA
Monday, November 1, 1999

To: Mr. Paul Buckley
       Art Director
       Viking-Penguin
       212 366 ███

INVOICE

A.   Expenses

FOR:
1. Four street prostitutes' modeling time @ $40 each. $160.
2. Tip for "Pussycat" $2.
3. Room rent for 4 persons $40.
4. Key deposit for room (which was in Mercedes's name, so that she could sleep there) $5.
5. Bonus for Mercedes, who found Patricia and who persuaded "Pussycat" to stay $15.
6. Public transportation to and from San Francisco: 2 x @ 3.80 each way $7.
7. Fourteen sheets 8 x 10 Tri-X @ $2 each. $28.
8. Custom laboratory development of same @ $5 each. $70.
9. Twelve sheets printing-out-paper @ $2 each. $24.
10. Gold chloride toning bath for the 12 sheets. $40.

                                        TOTAL: $391

Special instructions: All prints to be gold toned. All faces to be obscured or conveniently obscurable. All compositions to be sad, erotic and/or foreboding. Model releases to be furnished. Viking to assume all legal risks for the use of said photos.

B.   Fee

FOR: One-time, non-exclusive use on the book jacket and promotional materials of one photograph only: $ ███

Exclusive rights to the other photographs in this package revert to me immediately. Exclusive rights to the photograph you use revert to me after the first printing of the book. You may, however, renew your non-exclusive license for a mutually negotiable fee for each subsequent printing.

64

《藏红花厨房》

作者:
亚斯明·科罗泽

设计师 | 插画师:
贾雅·米塞利

艺术总监:
保罗·巴克利

编辑:
帕米拉·多曼

贾雅·米塞利

设计师 | 插画师

💬 快到截稿日的时候,我迅速画了一张伦敦的速写,以此为基础完成了设计。尽管这跟小说没什么关系,不过我的一些艺术部门的同事总是说这两座塔多么像阳具。一群变态!

亚斯明·科罗泽

作者

💬 企鹅出版《藏红花厨房》的方式是出彩、大胆而创新的。这个设计生动地表现了小说的主题和故事的发生地,并没有落俗套或者走捷径。很多封面都会用围着面纱露出迷离双眼的女人,那确实很有吸引力,却没有想象力、震撼力和真实性。毫无疑问,这个封面富有深意,独一无二。这是我一直引以为傲的一幅封面,它超越了所有预期。

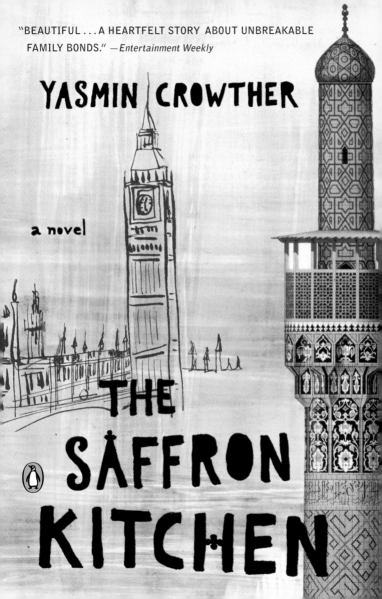

YASMIN CROWTHER

a novel

THE
SAFFRON
KITCHEN

65

《风之影》

作者：
卡洛斯·鲁依斯·萨丰

设计师 | 插画师：
泰尔·格雷茨基

艺术总监：
戴伦·哈格尔
保罗·巴克利

编辑：
斯科特·莫耶斯
凯瑟琳·科特

PB 当一本书卖得不像人们期望的那么好时，出版人一般会建议换一个新的封面。"换了也没用！"我在封面上倾注了很多心血，并且很喜欢它，所以当凯瑟琳决定要换新封面的时候，我有一点不高兴。后来当我看到泰尔的新设计时，我意识到这才是这本书该有的好封面。好个泰尔……

泰尔·格雷茨基
设计师 | 插画师

在我开始为这本书设计封面之前，时间只够我读一百多页。保罗和戴伦给我看了阿贝拉多·莫莱尔的作品，他拍了很多旧书的特写照片，这激发我创作出了封面上那本巨大的书。故事中，一个少年沉迷于一本小时候读过的小说，并试图解开作者生活的秘密，而一个邪恶的人把一切都看在眼里，下定决心要阻止少年的发现。主人公发现得越多，他自己的生活就越像那部小说中的情节。我让克里斯·布兰德扮演故事的主人公，让他在我们办公楼的楼顶上奔跑，然后照了一张照片。我最近读完了这本书之后，发现我的封面完整地展现了这个故事，这真让我松了一口气。

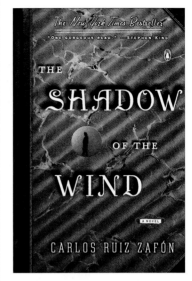

企鹅平装版首版封面

封面设计师克里斯·布兰德在企鹅位于纽约的办公楼楼顶

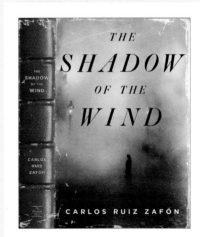

企鹅出版精装版封面
封面设计师：戴伦·哈格尔

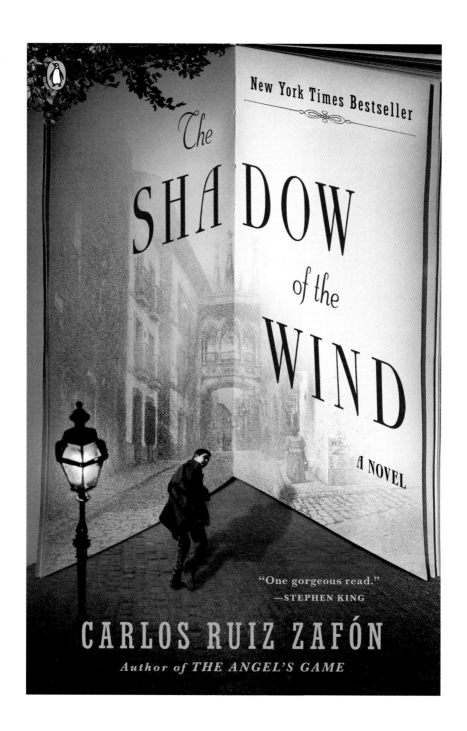

#66

《约翰·斯坦贝克短篇小说集》

作者：
约翰·斯坦贝克

设计师：
詹·王

插画师：
多人

艺术总监：
保罗·巴克利

编辑：
艾尔达·鲁特

苏珊·谢林洛
斯坦贝克研究学者

💬 字体设计通常让设计师甚至是编辑颇费思量，而消费者却不太关注。这一摞首版封面却强调了字体的重要性。字体反映了内容。在 1935 年版《煎饼坪》（*Tortilla Flat*）的外封上，蒙特雷湾的风景前摆着矮胖的标题，就好像故事中点缀着海岸线的那排小房子一样。《人鼠之间》（*Of Mice and Men*）是条状的字体，看起来很脆弱。《珍珠》（*The Pearl*）的标题中，"The"用了小字体，而"Pearl"用了大字体。两个单词悬浮在扇贝的波浪上，这大约是 1947 年版的外封。其他书名都被印在布封上，了无修饰。书名的样式并不统一，正如斯坦贝克坚持的，每本书都是一次"尝试"，每一个都要与前一个不同。在这个封面中，阶梯状堆砌的书名密密麻麻，读者看着也许会有一点不舒服。"把那本书往下挪挪，给其他标题一点位子。"但是将《罐头厂街》（*Cannery Row*）与《人鼠之间》排在一起，并在每本书后加上阴影，这表现了斯坦贝克作品的广度：写了如此多的短篇小说，最终得到了底部所写的荣誉——"诺贝尔文学奖得主"。书名不是按年代排列的，这也和读者期望的不一样。这是一个令人印象深刻的不拘一格的设计，我想，斯坦贝克会喜欢它的。

詹·王
设计师

💬 从这个项目开始之初，我就希望向这些小说最初的封面设计致敬，却不知从何下手。最初的几个方案我想展示和颂扬斯坦贝克的雄性气质，但在他们否决了那些方案之后，我转回了致敬旧版封面的想法。我想我花了很多时间让想法成熟起来，因为最终的封面看上去比最初的设想从容许多。

我起初用了丝带的图案（下图），想要渲染出一种强烈而欢快的氛围，其中主标题比短篇小说的标题要大上许多。而在最终稿中，短篇小说的题目更加醒目。

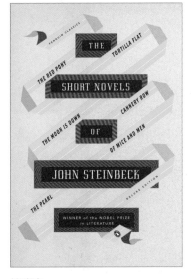

封面提案

TORTILLA FLAT

The Moon Is Down

THE RED PONY

OF MICE AND MEN

Cannery Row

THE Pearl

The Short Novels of

JOHN STEINBECK

Winner of the Nobel Prize in Literature

PENGUIN CLASSICS DELUXE EDITION

#67

《灾难物理学奇事》

作者:
玛丽莎·佩索

设计师 | 艺术总监:
保罗·巴克利

编辑:
卡罗尔·德桑蒂

玛丽莎·佩索

作者

💬 最好的封面设计会给作者一个彻头彻尾的惊喜,就好像读者解释了一个作家并未刻意设置的场景,当作家认真思考时,发现的确如此。《灾难物理学奇事》的封面提案——那已经是提交给我的第三个方案了——跟我想象的完全不一样,但是我立马被它吸引了:黑色与红色的方形组合让我想起了棋盘,各种各样的字体和精美的图案使它显得神秘和奇特。这些散布的图形,单看似乎都有点奇怪,合起来却组成了一个非常有趣的设计,让人感觉是小说世界恰到好处的延伸。

保罗·巴克利

设计师 | 艺术总监

💬 有时候,封面设计的灵感会在我睡觉的时候到来,这时候我就会醒来,草草记下那时的想法,然后再回去睡觉。这些想法有时候行得通,有时候不行。这个封面成功了。

深夜画的草图

THE NEW YORK TIMES BESTSELLER

SPECIAL TOPICS IN

CALAMITY PHYSICS

a novel...

EX·LIBRIS

MARISHA PESSL

# #
68

《消费》

作者：
杰弗里·米勒

设计师：
伊万·加夫尼

艺术总监：
保罗·巴克利

编辑：
里克·科特

PB 有很多我敬畏的设计师，但是如果只让我选择一个人，把他的才华从远处无情地偷走，就像《星际迷航》中演的那样，这个人无疑就是伊万。他是我这一代人中最全能的封面设计师之一。许多人都会在某一领域富有专长，但是很少有人能像他一样十项全能。他是为数不多的百分之百能做出优秀作品的设计师。在和他共事的十多年中，我想不起自己毙掉过他的哪个封面。

好了，为伊万说了够多好话了，快寄张支票奖励我吧，多谢！

伊万·加夫尼
设计师

这个简短、直接、终极审判一般的词"消费"（spent）让人一下子想起大众汽车 1960 年那个标志性的"柠檬"广告。有很多值得致敬的经典广告，但是我知道，致敬大众汽车的广告（还有设计相似的宜家广告）将会吸引《消费》这本书的读者：那些观念"左"倾，自我意识浓厚，受过开明教育，非常关注风格，却会煞费苦心地隐瞒这一点的人。简言之，那种为消费想了很多，以致为此买了一本书，却又想得不够多，所以还没有戒掉消费的消费者。一个关于广告业的广告——一个开创了讽刺营销时代的广告——是销售一个关于消费主义的消费品的理想方式。同时，没有什么比白底黑字的 Futura 中黑字体更能表达这种言外之意了。

宜家的广告

杰弗里·米勒
作者

我一看到这个封面就爱上了它。它抓住了《消费》这本书的关键：正是我们的原始心理驱动着现代的消费主义。把衣衫褴褛的穴居人和光亮的购物车放在一起，暗示了我们不断进化的本能与现代生活的投资／回报模式之间的不和谐。我有些担心他（她？）像那个盖可保险公司广告里的穴居人，而且非常符合人们对原始人的固有印象，身体佝偻，衣着破烂，头脑迟钝。我们曾讨论过，可不可以把这个穴居人洗洗干净，设计得更漂亮些，弄得性别明确一点。我猜想，像所有自尊的社会性灵长类一样，我们的祖先可能非常注意外表，他们会打理发型，在溪流湖海中洗头，时不时自行梳洗或者互相打扮，穿着华丽的皮草，戴着珠宝，文着身。所以我想象了一个更时尚、更性感、更新颖的女穴居人推着购物车（仿佛更新世时期的安妮·海瑟薇）。但是封面设计的成果和我杰出的编辑雷克·考特说服了我，想要吸引读者的眼球，封面上那个原始人的形象必须是"最老土的"。我同意了，于是我得到了一幅最大胆、最抢眼的进化心理学书籍封面。

Spent.

Sex, Evolution, and Consumer Behavior

Geoffrey Miller

AUTHOR OF *The Mating Mind*

69

《严肃的男人》

作者：
伊丽莎白·吉尔伯特

设计师 | 插画师：
克里斯托弗·布兰德（罗德里戈·科拉尔设计工作室）

艺术总监：
罗斯安妮·塞拉

编辑：
保罗·斯洛瓦克

伊丽莎白·吉尔伯特

作者

🗩 《严肃的男人》最初是由另一个出版社发行的，我很爱初版的封面，那是一张很滑稽的图片，上面画着一只龙虾夹着一束花。（懂了吗？这是一个捕龙虾的浪漫故事。是啊，这就是问题所在：没人看得懂。读者以为我的小说是本海鲜烹饪书。）企鹅的新版封面没有初版有趣，我很想念那种趣味性，不过这也是一个很棒的封面，它更好地传达了书里的情节——男孩和女孩，一艘船，一个爱情故事，无关烹饪。

克里斯托弗·布兰德

设计师 | 插画师

🗩 这是我为企鹅设计的第一批封面中的一幅。那时候，我对伊丽莎白·吉尔伯特和她的《美食、祈祷和恋爱》略知一二，但是我不知道她这么有名。我记得我做出这个封面的时候非常开心。在企鹅待了一段时间后，我更喜欢这个封面了。知名度这么高的作者把封面修改个好几次是很正常的，但幸运的是，我的设计在草稿阶段就获得了通过，作者并没有做太多的改动。

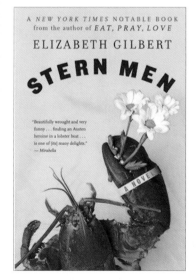

初版封面（该设计版权归米夫林出版公司所有）
摄影师：克雷格·麦克考麦克

ELIZABETH GILBERT

STERN   MEN

"A wonderful first novel about life, love, and lobster fishing...
high entertainment." —*USA Today*

70

《街头帮》

作者：
迈克尔·戴维斯

设计师：
克雷格·库里克

艺术总监：
保罗·巴克利

编辑：
里克·科特

PB 克雷格为这本书做了很多惊艳的封面，我最喜欢的是模仿"披头士"乐队1967年那张帕伯军士唱片封面风格的版本。

帕伯军士风格的封面提案

迈克尔·戴维斯
作者

以下内容由"嘿"这个词和"3"这个数字赞助：

1."哎呦嘿！"这是我看到克雷格·库里克设计的轻松友好的绿封面时的第一反应。我问自己："伯特、厄尼、葛罗弗是在对我微笑，为企鹅商标旁边的那行'《纽约时报》畅销书'而洋洋得意吗？"（爱发牢骚的奥斯卡似乎在说："畅销书？垃圾书还差不多。"）

2.在我研究和创作《街头帮》的五年里，《芝麻街》的玩偶们就是我的缪斯，在我莱姆病发作的那段"嘿"暗的日子里也是如此。

3."嘿呦，你们好"可以概括封面的内容。完全的亨森风格（吉姆·亨森是美国木偶大师，《芝麻街》的创作者）。

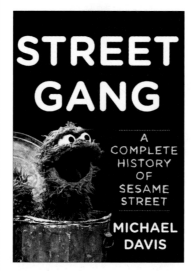

维京精装版封面

克雷格·库里克
设计师

《芝麻街》在我的童年中占有很重要的地位，所以我真的很高兴能为这本书设计封面。我最初为精装版设计了封面。回想起来，我很喜欢整个设计过程的多彩与疯狂。出于某种原因，我脑子里冒出的第一个想法就是模仿披头士《帕伯军士》的专辑封面。我花了几天时间创作，对成果非常骄傲。惟一的问题就是出版人不喜欢。所以我们又拍了一张出色的小照片做封面，拍的是垃圾桶里的奥斯卡。这张通过了，但是我真的觉得这张不是很合适。平装版的设计工作给了我一个机会来描绘我心中的芝麻街。显然我可以用那张模仿《帕伯军士》的封面，但是芝麻街公司的人觉得那和他们刚做的一个封面太像了。他们很好，特地允许我去他们的档案室看了一个下午，这就足够让我解决封面的难题了。他们有芝麻街里的每一个人物举着芝麻街里每一个字母的照片。我基本上可以用它们重现剧中的场景，然后做成封面。

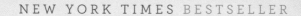

NEW YORK TIMES BESTSELLER

MICHAEL DAVIS

STREET GANG

The
COMPLETE HISTORY
of
SESAME STREET

#71

《那里曾经住着一个试图杀死邻居孩子的女人》

作者：
卢德米拉·彼得鲁舍夫斯卡娅

设计师：
克里斯托弗·布兰德

插画师：
山姆·韦伯

艺术总监：
罗斯安妮·塞拉

编辑：
约翰·西西里阿诺

RS 二十张草稿！二十张！编辑部为这个封面折腾了数月之久，重压之下，他们终于说出了他们真正想看的东西。为什么不早说呢？我不得不再次回去找插画师，多尴尬啊！而且……那个恶心的书名到底是怎么回事！幸好最后我们做出了一个非常棒的封面。

山姆·韦伯
插画师

💬 这些故事带着异国风情，还有些神秘难解。我想画这样一张画，不是描绘哪个具体场景，而是传达一种不可避免的神秘，一种挥之不去的焦虑，它们潜伏在故事背后，视线边缘。我为这个封面提交了大约二十张草图，这个数量大大超过了我通常做的数量（三张）。我手足无措，不知道该怎么继续。最后，艺术总监帮我想了个主意，而编辑坚持背景用红色（可恶！）。特别值得一提的是，尽管如此，我仍然极喜欢这张画。尽管过程曲折，我却对成果十分骄傲。诡异的书，诡异的设计过程。

克里斯托弗·布兰德
设计师

💬 这个设计有一点我非常喜欢，那就是它看上去非常紧凑。文字完全填满了插图周围的空间。我之前没有这样说过，但是如果我们没有反复修改，做出那么多版本，这个封面可能也不会像现在这么好。

安娜·萨默斯
译者

💬 女人的眼睛充满了生机，然而她明显是无生命的，是一座大理石半身像或一块墓碑。像这张可怕又迷人的图片一样，书中的角色不算活着也没有死去。插图精致华丽，相反，字体却是夸张潦草的涂鸦。我喜欢字体的理念，不过觉得它有点难读：一个这么长的标题需要配上清晰紧凑的字体。我觉得应该放大作者的名字，把我自己的名字变得和另一位译者基斯一样的大小。

THERE ONCE LIVED A WOMAN WHO TRIED TO KILL HER NEIGHBOR'S BABY

SCARY FAIRY TALES

BY LUDMILLA PETRUSHEVSKAYA

SELECTED AND TRANSLATED BY KEITH GESSEN AND ANNA SUMMERS

提案草图，插画师：山姆·韦伯

#72

《牙和爪以及其他故事》

作者：
T. C. 鲍伊尔

设计师 | 艺术总监：
保罗·巴克利

插画师：
未知

编辑：
保罗·斯洛瓦克

保罗·巴克利
设计师 | 艺术总监

💬 有时候简洁反而更好。这本书是一本短篇故事集，但是有一点贯穿始终：人类试图控制自然，以及自己身上野蛮的兽性。我看了很多汤姆·钱伯斯的摄影作品，它们和本书有着相似的主题，我觉得它们刚好能搭配这些故事。钱伯斯决定拍摄汤姆故事中的一个场景，一个女人和一群重归野生的家犬一起奔跑。鲍伊尔觉得画中的女人看起来一点也不野。所以，是时候试试其他的了——一头呲牙的美洲狮的免费剪切画，怎么样！

T. C. 鲍伊尔
作者

💬 我是一个将书视为艺术品的爱书人，很喜欢那些一针见血的书籍视觉设计。这本书的封面出色地做到了这一点。简洁的黑白灰营造了一种极简抽象的氛围。设计师还用两点黄色点亮了这只半隐半现的大猫炯炯燃烧的双眼。封底有一张作者全身照，也是黑白灰三色，只有球鞋是红的。这红色和书脊的红色一致，整体效果非常漂亮。这是一本你想要拿在手里把玩的书，这也正是我们的目的。然后你开始阅读，并沉醉其中。

提案作品，由汤姆·钱伯斯制作

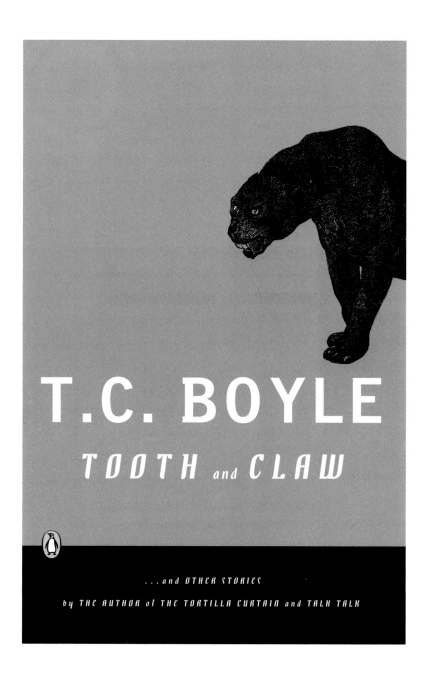

T.C. BOYLE

TOOTH and *CLAW*

...*and* OTHER STORIES
by THE AUTHOR *of* THE TORTILLA CURTAIN *and* TALK TALK

根据维京精装版修改的封面

#73

《推特文学》

作者：
亚历山大·艾希曼
埃蒙特·莱辛

设计师：
艾米利亚·蔡

艺术总监：
保罗·巴克利

编辑：
约翰·西西里阿诺

亚历山大·艾希曼
埃蒙特·莱辛

作者

🔖 这幅封面的色彩，无论是米黄、浅灰还是灰白，都是很适合粉刷客厅的美好的颜色。它微妙得很，就好像在说："是的，这是彩色，但是你并不会注意到，你只知道这不是白色。"这点很重要，因为图书，特别是那些陈列在豪宅中的壁炉架上的图书，都必须足够美丽，以得到上至外交官下至亲朋好友的一致欣赏。《推特文学》的封面就有着这样的美感。但是我们永远也不知道那只鸟在对企鹅做什么。也许是鸟儿发情时的奇怪叫声吧。

艾米利亚·蔡

设计师

🔖 像我们这一代的大多数人一样，我对任何高涨的自我意识、据说很讽刺的人和概念都抱有怀疑态度。因此，《推特文学》的原始设计稿让我非常伤脑筋，不是因为它太过激，而是因为它明明有这样的潜力，却没有做到——这本书的编辑和前任设计师没能做到这点。他们做得似乎太认真了，没有表现出书中那种玩世不恭的精神。我只是个实习生，接到这个项目的时候简直吓坏了，无论保罗给出什么建议，我都只会盲目地点头。最后，我决定要做一个最讨人厌又最幽默风趣的封面。我开始享受设计的过程，重写了副标题，还从封面上去掉了作者的名字。我希望我的设计能对得起这本书。

保罗·巴克利

艺术总监

🔖 在一个周五，我接到编辑部一个惊慌失措的电话，说这本书火了，我们需要马上做一个封面。我把这个任务发给杰米·基南，他周一就给了我一份设计，是他刚刚在公园外随手完成的。显然，那封面很完美，每个人都看得出来，除了这本书的编辑。

我一年要审查上百幅封面，也要否决其中的许多幅，但这一幅的否决令我很震惊。

"啊，什、什么，啊，等下，你说你真的不喜欢这个封面？"

"是的，它完全不行。"

然后，我的联合出版人也赞同这个说法。再然后，作者也否决了它。

在公司艺术部门工作的艺术总监总要忍受来自"艺术总监的内阁大臣"（简称"艺监阁"）的否定。如果缺乏外交技巧，或者没法学会放弃，那你很快就会处境悲惨。我深知这一点。但是我也知道什么样的设计是值得为其奋斗的，而这幅作品必将入选我的 2009 年封面设计海报。我苦苦坚持。"这些作者不是只有 17 岁吗？我们也要听他们的吗？"沉默。僵死的眼神。乱动的手指。"是的，因为他们是对的。"

他们似乎都想让这个封面看起来像什么经典名著，这正是企鹅出版社最不想做的。推特并不是什么 19 世纪的老掉牙题材。杰米的设计巧妙地将经典文学和现代科技结合在一起。怎么会有人抛弃新瓶旧酒而选择老土的东西呢？

然后我们开始了一个月的审阅，一幅接一幅地看提案（"我怎么记得

twitterature

\ˈtwi-tə-rə-ˌchu̇r*n*: amalgamation of "twitter" and "literature"; humorous reworkings of literary classics for the twenty-first-century intellect, in digestible portions of 20 tweets or fewer

获得通过的封面，设计师：艾米利亚·蔡

你说这件事很紧迫？"我喜欢提醒他们）。几周过后，我联系了杰米，因为我为这个假着急的项目折磨了他，我向他道歉，然后放他离开了这个项目。接着，我走出办公室，问我的艺术经理："朱迪，你新来的实习生多大了？她为我们做什么？"

"艾米利亚今年十六岁。主要做数据录入。有什么事吗？"

我找到艾米利亚说："嗨，你愿意给我做一个封面吗？"

我跟她谈了一会儿，我觉得这个很棒的高中生就是大家想要的那种人。我对她说，把这些信息考虑进去，让我们看看过些日子你能设计出什么。

大概过了两分钟，我找回了理智，又给她发了一封电子邮件说："请不要介意，但是我自己也会参与设计，因为我不能把它交给一个十六岁的人，而自己撒手不管。"

然后我随便做了些俗套的设计，确信不管那个十六岁的女孩做出什么，我都能比她做得好。我告诉自己，反正那些人也不知道自己究竟要什么。半小时后我想，嗨，干得也不算太差。我拍拍想象中的另一个自己的背。你看，二十年的经验总是有点作用的，对吧？你干得不错，保罗！哎，谢谢你，另一个保罗！嗨哥们儿，说真的，我真谢谢你。

过了几天，艾米利亚给了我她的封面提案，我说："这不是书的副标题……而且作者的名字哪去了？"

"嗯，我重写了副标题，并且把作者们的名字放在书脊上了。"

"你知道，艾米利亚，这可行不通。"

"为什么？"

"没关系，我会把这些带去开会讨论的。谢谢！"

我参加了封面讨论会，忸怩地说了些有的没的，打趣这些未见光

的封面提案今天会不会激起火花，然后把我们俩的设计都放在了桌子上。突然大家都伸手推开我的设计，抢着看艾米利亚的作品。

"啊！！！太棒了！棒极了！是谁做的？"

"楼下的实习生。"

"比那些好多了，"他们指着我的设计说，"快把那些拿走吧。"

"喂！你们没发现那个设计没写作者名字，而且副标题也不同吗？""是啊，太完美了。太聪明了！现在这副标题读起来确实更好了。"

"但是……"我说。

"不，保罗，这就是我们一直想要的！"

事实上，它确实是个相当漂亮的作品。艾米利亚真是前途无量。

Twitter*ature*

THE WORLD'S
GREATEST BOOKS
NOW PRESENTED
IN TWENTY
TWEETS OR LESS

Alexander Aciman and Emmett L. Rensin

封面提案，设计师：杰米·基南

74

《狼图腾》

作者:
姜戎

设计师 | 插画师:
艾尔莎·乔

艺术总监:
戴伦·哈格尔

编辑:
丽莎·达尔顿

DH 这个封面又一次证明了我的员工比我更有才华。我们一起为这本书设计了封面,但是大家都更喜欢艾尔莎的。这种情况经常发生。

葛浩文
译者

💬 你很容易明白应该从哪儿入手设计这个封面:显然是一匹狼。我喜欢精装版的封面设计——一匹狼的三个角度(三张脸),有种杰克·伦敦的感觉,又有一丝朦胧感。这种朦胧感在平装版的最早的封面提案中消失了,我只看到了黑白两色,并不是很喜欢。它需要颜色和重点,就像现在这样——碧空如洗,(蒙古)山脚下一匹竖起毛发、无比愤怒的狼。如果能加上译者的名字就好了,但这已经是我见过的最好的封面了。

艾尔莎·乔
设计师 | 插画师

💬 我从一开始就知道,我想在封面上加上蒙古或中国风格的剪纸。但是,找到一位能在三天内完成作品的蒙古剪纸艺术家是非常困难的。所以,我不得不与自己心中的那位蒙古草原居民心灵相通,创作出这幅作品。我还在设计中加入了自己的中国书法,这让我非常自豪。它们在标题旁边,字号极小,你可能都注意不到,但是它们就在那儿,意思是"狼图腾"。台湾小学里我的书法老师肯定会为我骄傲的。

企鹅出版精装版封面
设计师:戴伦·哈格尔
摄影师:鲍勃·艾斯达尔

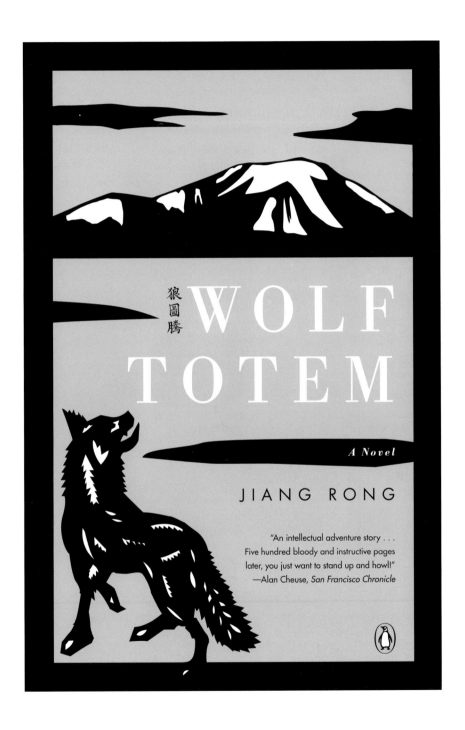

狼圖騰

WOLF TOTEM

A Novel

JIANG RONG

"An intellectual adventure story . . .
Five hundred bloody and instructive pages
later, you just want to stand up and howl!"
—Alan Cheuse, *San Francisco Chronicle*

75

《零》

作者：
查尔斯·西佛

设计师：
赫伯·索恩比（Post Tool
Design 工作室）

艺术总监：
保罗·巴克利

编辑：
温迪·伍尔夫

PB 在我们的编辑部中，大家根据主题不同会有不同的分工。有人做大型传记，有人做商业女性小说，有人做军事、历史，等等。很显然，这对编辑的工作很有帮助，但在设计上我试图回避这种贴标签的做法。但我不得不承认，每当我为这类平装书分配设计工作时，我的脑海里总会有一个声音说："赫伯！"毋庸置疑，他总是能做出简洁又优雅的设计。

查尔斯·西佛

作者

💬 《零》的精装版封面一片素白，只有一道灰色竖线穿过标题中的字母"O"。它很优雅，并且很好地传达了本书主题中的冷漠和虚无，简直好过头了。然而，第一次看到平装版的封面提案时，我兴奋地发现它变得如此温暖诱人，同时还保留了原始封面中的很多元素。黑色和红色中间的白色圆环甚至比全白更有效地表现出了空虚的主题。

赫伯·索恩比

设计师

💬 这是我开始在旧金山的 Post ToolDesign 工作时设计的第一幅作品。基吉·奥布赫特和大卫·卡哈姆一起为精装版设计了很漂亮的封面，而企鹅想要为平装版设计一个略有不同的封面。我有一点数学痴，因此觉得用一本书来讨论一个数字是个伟大的想法。我总是希望这本书能有个续集——也许书名会是《一》，或者是《%》。

ZERO

The
Biography
of a
Dangerous
Idea

Charles Seife

维京精装版封面

ZERO

The
Biography
of a
Dangerous
Idea

Charles Seife

A *NEW YORK TIMES* NOTABLE BOOK

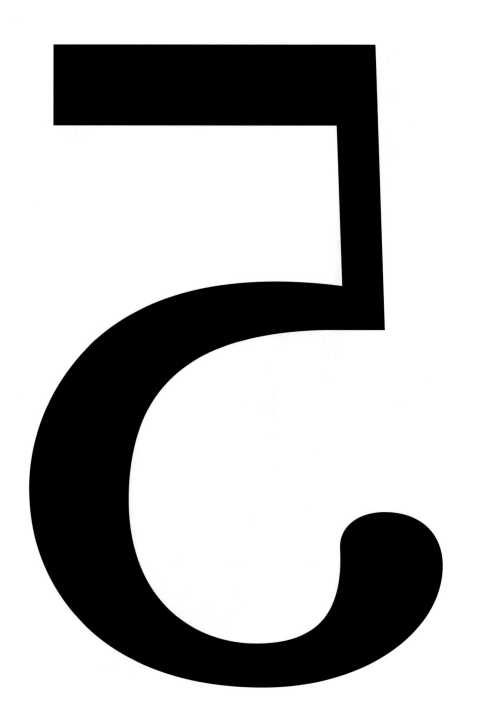

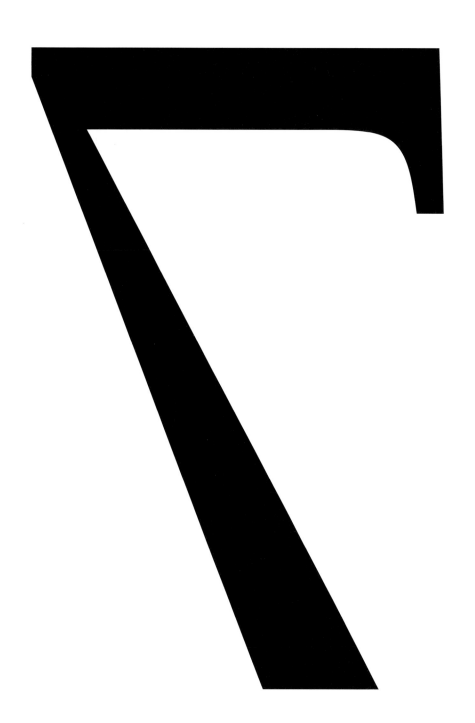

致　谢

　　如果没有大家的帮助，那么本书内容的收集和素材的汇总是永远无法完成的。每一位在企鹅图书、维京和企鹅出版工作的编辑，以及书中所有的作者，没有他们及他们为我所做的努力，就不会有《企鹅75》这本书的诞生。当然，还有每一位在书中给出评论的艺术总监、设计师、插画师和摄影师，他们的工作也让这本书在视觉上更加迷人，特别是罗斯安妮·塞拉和戴伦·哈格尔这两位天赋异禀的艺术总监。

　　在所有这些人中，核心团队的齐心协力为促成这本书贡献了最大的力量。多洛雷斯·莱利负责监督制作。马特·吉拉塔诺负责的编辑流程在和视觉艺术家一起工作时发挥了重要作用。艾利克斯·吉甘特、琳达·科文和吉娜·安德森在法律问题上为本书给予了保障。乔治·拜尔四世和克里斯汀娜·斯托尔，以及收集所有资料的朱迪·聂通力合作，确保所有的艺术作品看起来都很完美，并且送交印制的众多文件毫无瑕疵。安德鲁·刘帮忙收集了无数的授权使用书。我们的营销、公关及推广等部门都倾其所长，我也十分感谢他们所有人。

　　克里斯·韦尔非常慷慨地同意为本书作序。谢谢你，克里斯！阿德里安·汤米是一位非常有耐心的联络员，他帮助我们联络到了辰巳喜弘先生，不仅在《罗生门》封面设计上给予我们很大帮助，而且他后来再次联系到辰巳先生并请他为本书写一段评语。我也想借此机会感谢慷慨的埃里克·罗纳德在漫画书衣版《企鹅经典系列》上给予的巨大的帮助。

　　在这本书中与我合作最密切的三个人分别是瑞贝卡·亨特、克里斯·布兰德和凯瑟琳·科特。

　　企鹅的编辑瑞贝卡·亨特仔细编辑校对了这本书的每一页，还收集作者评语，解决疑难，确保我们的工作都能顺利进行。贝卡，谢谢你所有的帮助！

　　克里斯·布兰德除了在业余时间给我打工外，还承担了这本书的设计工作。几个月以来，克里斯把这本书作为首要任务，并在办公室度过了无数个夜晚与周末。有他为本书的设计把关，我一点都不担心这本书会不好看。这从来都不是问题，因为克里斯是最棒的。

　　正如人们所说的，放在最后，但绝不是最不重要的，要感谢凯瑟琳·科特，这本书的出版人。她慷慨地允许我坚持并完成这个想法。2010年是企鹅成立75周年，也是我在企鹅工作的第二十个年头。这其中很长一部分时间，我都是与凯瑟琳一起工作的。她自己为艺术与设计着迷，还感染着她的编辑团队。这使得企鹅的设计师与艺术总监们能够在一个最佳的环境里高效工作，探寻全新的且独一无二的领域。谢谢你，凯瑟琳！

索 引

图书在版编目 (CIP) 数据

企鹅 75：设计师·作者·编辑 / (美) 巴克利
(Buckley,P.) 编著；刘芸倩译 . -- 上海：上海人民出
版社，2015
书名原文：Penguin 75:designers,authors,
commentary
ISBN 978-7-208-12458-5

Ⅰ . ①企　Ⅱ . ①巴　②刘　Ⅲ . ①书籍装帧 – 设
计 – 研究 – 美国 Ⅳ . ① TS881

中国版本图书馆 CIP 数据核字 (2014) 第 160702 号

PENGUIN 75 by Paul Buckley, foreword by Chris Ware
Copyright © Penguin Group (USA) Inc., 2010
Foreword copyright © Chris Ware, 2010
Chinese simplified translation copyright © 2015 by Horizon Media Co., Ltd.,
A division of Shanghai Century Publishing Co., Ltd.
All rights reserved including the right of reproduction in whole or in part in any form.
This edition published by arrangement with Penguin Books,
a member of Penguin Group (USA) LLC, a Penguin Random House Company.
ALL RIGHTS RESERVED

策划编辑　沈　宇　赵　轩
责任编辑　李同洲
封面设计　陆智昌

世纪文景

企鹅 75：设计师·作者·编辑
[美] 保罗·巴克利 编著

刘芸倩 译

出　　版　世纪出版集团 上海人民出版社
　　　　　(200001 上海福建中路 193 号 www.ewen.co)
出　　品　世纪出版股份有限公司 北京世纪文景文化传播有限责任公司
　　　　　(100013 北京朝阳区东土城路 8 号林达大厦 A 座 4A)
发　　行　世纪出版股份有限公司发行中心
印　　刷　北京汇瑞嘉合文化发展有限公司
开　　本　787×1092 毫米 1/16
印　　张　16
字　　数　120,000
版　　次　2015 年 10 月第 1 版
印　　次　2015 年 10 月第 1 次印刷
I S B N　978-7-208-12458-5/TS · 24
定　　价　89.00 元